모든 개념을
다 보는
해결의 법칙

수학

5·1

스케줄표

5_1

스케줄표 활용법

1 먼저 스케줄표에 공부할 날짜를 적습니다.
2 날짜에 따라 스케줄표에 제시한 부분을 공부합니다.
3 채점을 한 후 확인란에 부모님이나 선생님께 확인을 받습니다.

예 > **1일차** 월 일
1. 자연수의 혼합 계산
10쪽 ~ 13쪽

모든 개념을
다 보는
해결의 법칙

수학
5·1

개념 해결의 법칙만의
학습 관리

1 개념 파헤치기

교과서 개념을 만화로 쉽게 익히고

기본 문제 , 쌍둥이 문제 를 풀면서 개념을 제대로 이해했는지 확인할 수 있어요.

📹 개념 동영상 강의 제공

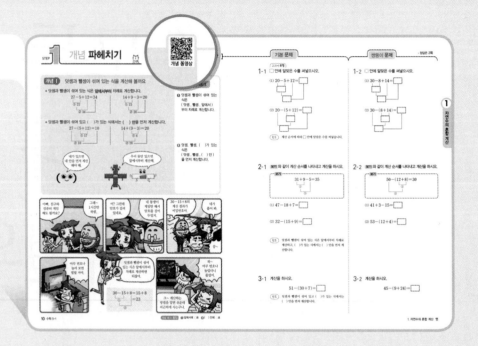

2 개념 확인하기

다양한 교과서, 익힘책 문제를 풀면서 앞에서 배운 개념을 완전히 내 것으로 만들어 보세요.

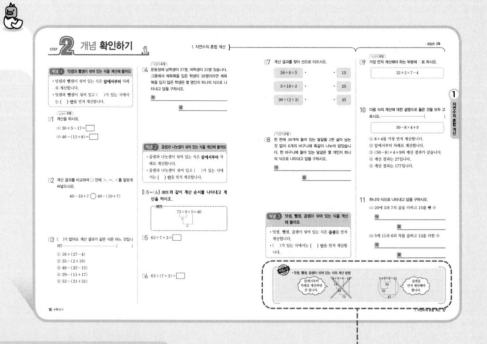

해결의 창 꼭 알아야 할 개념, 주의해야 할 내용 등을 아래에 해결의 창 으로 정리했어요. 해결의 창 을 통해 문제 해결 방법을 찾아보아요.

3 단원 마무리 평가

단원 마무리 평가를 풀면서 앞에서 공부한
내용을 정리해 보세요.

유사 문제 제공

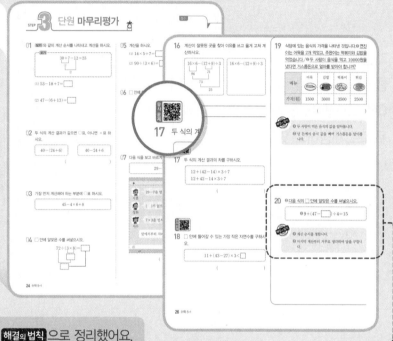

응용 문제를 단계별로 자세히 분석하여 해결의법칙 으로 정리했어요.
해결의법칙 을 통해 한 단계 더 나아간 응용 문제를 풀어 보세요.

창의·융합 문제

단원 내용과 관련 있는 창의·융합 문제를
쉽게 접근할 수 있어요.

개념 해결의 법칙

QR 활용법

 모바일 코칭 시스템 : 모바일 동영상 강의 서비스

🎥 개념 동영상 강의

개념에 대해 선생님의 더 자세한 설명을 듣고 싶을 때 찍어 보세요. 교재 내 QR 코드를 통해 개념 동영상 강의를 무료로 제공하고 있어요.

👥 유사 문제

3단계에서 비슷한 유형의 문제를 더 풀어 보고 싶다면 QR 코드를 찍어 보세요. 추가로 제공되는 유사 문제를 풀면서 앞에서 공부한 내용을 정리할 수 있어요.

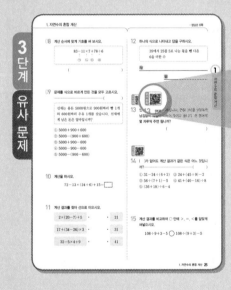

해결의 법칙
이럴 때 필요해요!

우리 아이에게
수학 개념을
탄탄하게 해 주고
싶을 때

>>>
교과서 개념, 한 권으로 끝낸다!
개념을 쉽게 설명한 교재로 개념 동영상을 확인
하면서 차근차근 실력을 쌓을 수 있어요. 교과서
내용을 충실히 익히면서 자신감을 가질 수 있어요.

개념이 어느 정도
갖춰진 우리 아이에게
공부 습관을
키워 주고 싶을 때

>>>
기초부터 심화까지 몽땅 잡는다!
다양한 유형의 문제를 풀어 보도록 지도해 주세요.
이렇게 차근차근 유형을 익히며 수학 수준을 높일
수 있어요.

개념이 탄탄한
우리 아이에게
응용 문제로
수학 실력을 길러
주고 싶을 때

>>>
응용 문제는 내게 맡겨라!
수준 높고 다양한 유형의 문제를 풀어 보면서
성취감을 높일 수 있어요.

개념 **해결**의 **법칙**
차례

1 자연수의 혼합 계산

제1화 잔디의 배변 습관 고치기

으~ 잔디가 거실에 응가와 쉬야를 했어요.

어떻게 해야 잔디가 응가와 쉬야를 가릴 수 있을까요?

방법이 있지.

정해진 장소에서 쉬야를 할 때 먹을 것을 주면서 칭찬을 하면 배변 습관을 고칠 수 있어.

당장 해 봐야 겠어요!

이 애견 치즈스틱이 한 봉지에 (33－22＋9)개 만큼 들어 있다네요.

그럼 치즈스틱이 몇 개가 들어 있다는 거지?

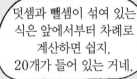

덧셈과 뺄셈이 섞여 있는 식은 앞에서부터 차례로 계산하면 쉽지. 20개가 들어 있는 거네.

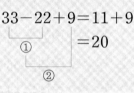

$$33－22＋9＝11＋9$$
$$\underset{①}{}\quad ＝20$$
$$\underset{②}{}$$

앗~ 잔디가 응가를 하려 나 봐요.

잔디야~ 배변 패드에 응가를 보면 맛있는 치즈스틱을 줄게.

으앙~ 배변 패드에 안 쌌어.

멍~!!

편식이 심한 개야!

잔디가 좋아하는 뼈다귀 과자를 줘 보자!

그래!

$$30 \div 6 \times 5 = 5 \times 5$$
$$\underset{\textcircled{1}}{\underbrace{}}$$
$$\underset{\textcircled{2}}{\underbrace{}} = 25$$

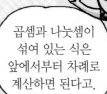

개념 1 덧셈과 뺄셈이 섞여 있는 식을 계산해 볼까요

개념 동영상

• 덧셈과 뺄셈이 섞여 있는 식은 앞에서부터 차례로 계산합니다.

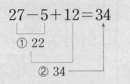
$$27 - 5 + 12 = 34$$
① 22
② 34

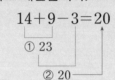
$$14 + 9 - 3 = 20$$
① 23
② 20

❶ 덧셈과 뺄셈이 섞여 있는 식은
(덧셈 , 뺄셈 , 앞에서)
부터 차례로 계산합니다.

• 덧셈과 뺄셈이 섞여 있고 (　)가 있는 식에서는 (　) 안을 먼저 계산합니다.

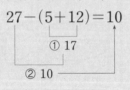
$$27 - (5 + 12) = 10$$
① 17
② 10

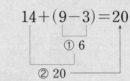
$$14 + (9 - 3) = 20$$
① 6
② 20

❷ 덧셈, 뺄셈, (　)가 있는 식은
(덧셈 , 뺄셈 , (　) 안)
을 먼저 계산합니다.

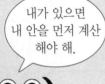
내가 있으면 내 안을 먼저 계산 해야 해.

우리 둘만 있으면 앞에서부터 계산해.

아빠, 친구와 컴퓨터 게임 해도 될까요?

그래~ 1시간만 하렴.

어? 그런데 암호가 걸려 있네요.

네 동생이 게임만 해서 암호를 걸어 두었지.

$$30 - 15 + 8$$의 계산 결과가 비밀번호야.

네가 풀어 봐.

아무 번호나 눌러 보면 열릴 거야.

툭! 툭! 툭!

덧셈과 뺄셈이 섞여 있는 식은 앞에서부터 차례로 계산하면 되잖아.

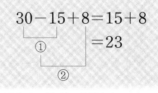
$$30 - 15 + 8 = 15 + 8$$
①
$$= 23$$
②

와~ 아무 번호나 눌렀더니 풀렸어.

크~ 계산하는 방법을 알면 쉬운데 피곤하게 사는구나.

개념 체크 정답 **❶** 앞에서에 ○표 **❷** (　) 안에 ○표

교과서 유형

1-1 □ 안에 알맞은 수를 써넣으시오.

(1) $20-5+12=$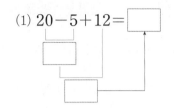

(2) $20-(5+12)=$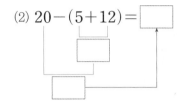

(힌트) 계산 순서에 따라 □ 안에 알맞은 수를 써넣습니다.

1-2 □ 안에 알맞은 수를 써넣으시오.

(1) $30-8+14=$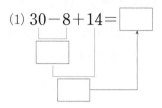

(2) $30-(8+14)=$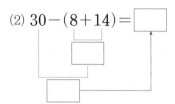

2-1 보기 와 같이 계산 순서를 나타내고 계산을 하시오.

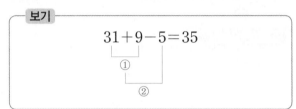
보기
$$31+9-5=35$$

(1) $47-18+7=$ 　　

(2) $32-(15+9)=$ 　　

(힌트) 덧셈과 뺄셈이 섞여 있는 식은 앞에서부터 차례로 계산하고, ( )가 있는 식에서는 ( ) 안을 먼저 계산합니다.

2-2 보기 와 같이 계산 순서를 나타내고 계산을 하시오.

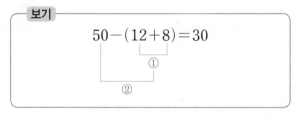
보기
$$50-(12+8)=30$$

(1) $41+3-15=$ 　　

(2) $53-(12+4)=$ 　　

3-1 계산을 하시오.

$$51-(30+7)=\boxed{}$$

(힌트) 덧셈과 뺄셈이 섞여 있고 ( )가 있는 식에서는 ( ) 안을 먼저 계산합니다.

3-2 계산을 하시오.

$$45-(9+24)=\boxed{}$$

개념 동영상

개념 2 곱셈과 나눗셈이 섞여 있는 식을 계산해 볼까요

- 곱셈과 나눗셈이 섞여 있는 식은 앞에서부터 차례로 계산합니다.

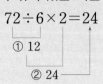

$72 \div 6 \times 2 = 24$
① 12
② 24

$12 \times 9 \div 3 = 36$
① 108
② 36

- 곱셈과 나눗셈이 섞여 있고 (   )가 있는 식에서는 (   ) 안을 먼저 계산합니다.

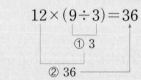

$72 \div (6 \times 2) = 6$
① 12
② 6

$12 \times (9 \div 3) = 36$
① 3
② 36

내가 있으면
내 안을 먼저 계산
해야 해.

우리 둘만 있으면
앞에서부터 계산해.

개념 체크

❶ 곱셈과 나눗셈이 섞여 있
는 식은
(곱셈 , 나눗셈 , 앞에서)
부터 차례로 계산합니다.

❷ 곱셈, 나눗셈, (   )가 있는
식은
(곱셈 , 나눗셈 , (   ) 안)
을 먼저 계산합니다.

우아~ 게임은
너무 재밌어.

띡~!!

앗? 갑자기
컴퓨터
화면이
꺼졌어.

1시간 초과하면
자동으로 꺼지게
설정했거든.

으~
게임 더 하고
싶어요.

그럼
$(30 \div 6 \times 4)$분
만큼 더 해.

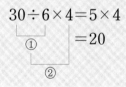
곱셈과 나눗셈이 섞여
있는 식은 앞에서부터
차례로 계산하면 답은
20이네요.

$30 \div 6 \times 4 = 5 \times 4$
①
$= 20$
②

우왕~ 20분
이면 너무
짧아요.

맞아요!
시간을 좀 더
주세요.

개념 체크 정답 ❶ 앞에서에 ◯표 ❷ (   ) 안에 ◯표

| 기본 문제 | 쌍둥이 문제 |

1-1 □ 안에 알맞은 수를 써넣으시오.

(1) $35 \div 5 \times 9 =$ ☐

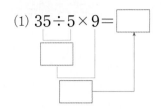

(2) $8 \times (27 \div 3) =$ ☐

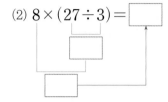

> 힌트 계산 순서에 따라 □ 안에 알맞은 수를 써넣습니다.

1-2 □ 안에 알맞은 수를 써넣으시오.

(1) $12 \times 4 \div 6 =$ ☐

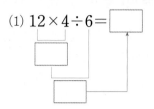

(2) $32 \div (2 \times 4) =$ ☐

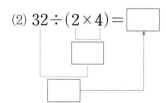

2-1 보기 와 같이 계산 순서를 나타내고 계산을 하시오.

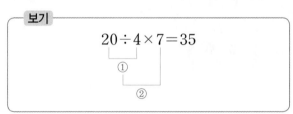

보기
$$20 \div 4 \times 7 = 35$$
①
②

(1) $40 \div 8 \times 3 =$ ☐

(2) $54 \div (2 \times 9) =$ ☐

> 힌트 곱셈과 나눗셈이 섞여 있는 식은 앞에서부터 차례로 계산하고, ( )가 있는 식에서는 ( ) 안을 먼저 계산합니다.

2-2 보기 와 같이 계산 순서를 나타내고 계산을 하시오.

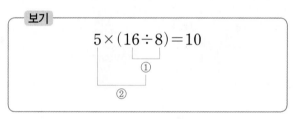

보기
$$5 \times (16 \div 8) = 10$$
①
②

(1) $14 \times 3 \div 7 =$ ☐

(2) $8 \times (15 \div 3) =$ ☐

익힘책 유형
3-1 계산을 하시오.

(1) $36 \div 4 \times 3 =$ ☐

(2) $36 \div (4 \times 3) =$ ☐

> 힌트 ( )가 없는 식과 ( )가 있는 식의 계산 순서를 생각하여 계산합니다.

3-2 계산을 하시오.

(1) $60 \div 6 \times 2 =$ ☐

(2) $60 \div (6 \times 2) =$ ☐

1

자연수의 혼합 계산

개념 3 덧셈, 뺄셈, 곱셈이 섞여 있는 식을 계산해 볼까요

개념 동영상

개념 체크

• 덧셈, 뺄셈, 곱셈이 섞여 있는 식은 곱셈을 먼저 계산합니다.

$$13+3\times10-2=41$$
① 30
② 43
③ 41

$$40-3+2\times6=49$$
① 12
② 37
③ 49

❶ 덧셈, 뺄셈, 곱셈이 섞여 있는 식은 (덧셈 , 뺄셈 , 곱셈) 을 먼저 계산합니다.

• ( )가 있는 식에서는 ( ) 안을 먼저 계산합니다.

$$13+3\times(10-2)=37$$
① 8
② 24
③ 37

$$40-(3+2)\times6=10$$
① 5
② 30
③ 10

❷ 덧셈, 뺄셈, 곱셈, ( )가 있는 식은 (덧셈 , 뺄셈 , 곱셈 , ( ) 안)을 먼저 계산합니다.

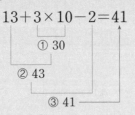 나부터 먼저!

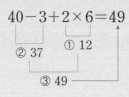 그 다음에 우리야!

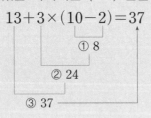 내가 있으면 내 안을 먼저 계산해야 해.

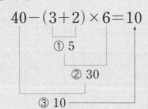

 그럼 20분에다가 (50−6×5+10)분 만큼 더 추가해서 게임하렴.

 이번에도 앞에서부터 차례로 계산하면 되는 거 아닌가?

 아니야! 이럴 때는 계산 순서가 달라. 뭐가 이렇게 복잡해.

$$50-6\times5+10=50-30+10$$
①
$$=20+10$$
②
$$=30$$
③

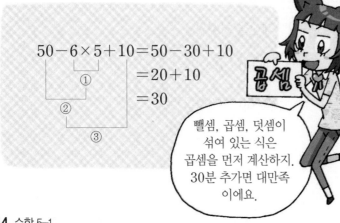 뺄셈, 곱셈, 덧셈이 섞여 있는 식은 곱셈을 먼저 계산하지. 30분 추가면 대만족이에요.

 앗? 왜 이래! **번쩍!** 안타깝게도 정전이구나! 으아~ 안돼! 언제 전기가 들어오는지 한국전력에 한 번 물어 보세요.

개념 체크 정답 **❶** 곱셈에 ○표 **❷** ( ) 안에 ○표

1-1 계산 순서를 바르게 나타낸 것에 ○표 하시오.

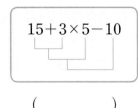

$$15+3\times5-10 \qquad 15+3\times5-10$$

(   )   (   )

힌트) 덧셈, 뺄셈, 곱셈이 섞여 있는 식에서 계산 순서를 생각합니다.

1-2 계산 순서를 바르게 나타낸 것에 ○표 하시오.

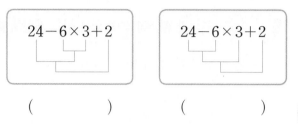

$$24-6\times3+2 \qquad 24-6\times3+2$$

(   )   (   )

교과서 **유형**

2-1 □ 안에 알맞은 수를 써넣으시오.

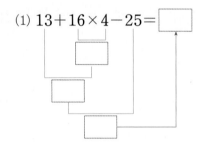

(1) $13+16\times4-25=$ □

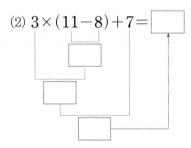

(2) $3\times(11-8)+7=$ □

힌트) 계산 순서에 따라 □ 안에 알맞은 수를 써넣습니다.

2-2 □ 안에 알맞은 수를 써넣으시오.

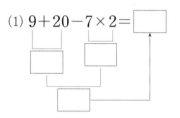

(1) $9+20-7\times2=$ □

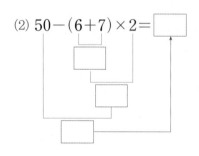

(2) $50-(6+7)\times2=$ □

3-1 계산 결과를 비교하여 ○ 안에 >, =, <를 알맞게 써넣으시오.

$$25+10-3\times7 \bigcirc 25+(10-3)\times7$$

힌트) (   )가 없는 식과 (   )가 있는 식의 계산 순서를 생각하여 계산합니다.

3-2 계산 결과를 비교하여 ○ 안에 >, =, <를 알맞게 써넣으시오.

$$41-8+4\times3 \bigcirc 41-(8+4)\times3$$

자연수의 혼합 계산

1

개념 1 덧셈과 뺄셈이 섞여 있는 식을 계산해 볼까요

• 덧셈과 뺄셈이 섞여 있는 식은 앞에서부터 차례로 계산합니다.
• 덧셈과 뺄셈이 섞여 있고 (   )가 있는 식에서는 (   ) 안을 먼저 계산합니다.

교과서 **유형**

01 계산을 하시오.

(1) $30+5-17=$ ☐

(2) $46-(12+8)=$ ☐

02 계산 결과를 비교하여 ○ 안에 >, =, <를 알맞게 써넣으시오.

$$40-10+7 \bigcirc 40-(10+7)$$

03 (   )가 없어도 계산 결과가 같은 식은 어느 것입니까? ······················(   )

① $16+(27-4)$
② $35-(2+19)$
③ $48-(32-15)$
④ $29-(11+17)$
⑤ $52-(21+31)$

익힘책 **유형**

04 운동장에 남학생이 27명, 여학생이 23명 있습니다. 그중에서 체육복을 입은 학생이 38명이라면 체육복을 입지 않은 학생은 몇 명인지 하나의 식으로 나타내고 답을 구하시오.

식 _____

답 _____

개념 2 곱셈과 나눗셈이 섞여 있는 식을 계산해 볼까요

• 곱셈과 나눗셈이 섞여 있는 식은 앞에서부터 차례로 계산합니다.
• 곱셈과 나눗셈이 섞여 있고 (   )가 있는 식에서는 (   ) 안을 먼저 계산합니다.

[05~06] 보기 와 같이 계산 순서를 나타내고 계산을 하시오.

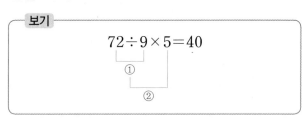

05 $63÷7×3=$ ☐

06 $63÷(7×3)=$ ☐

07 계산 결과를 찾아 선으로 이으시오.

$56 \div 8 \times 5$ •　　　• 15

$5 \times 10 \div 2$ •　　　• 25

$90 \div (2 \times 3)$ •　　　• 35

08 한 판에 30개씩 들어 있는 달걀을 2판 삶아 남는 것 없이 6개의 바구니에 똑같이 나누어 담았습니다. 한 바구니에 들어 있는 달걀은 몇 개인지 하나의 식으로 나타내고 답을 구하시오.

식 _____

답 _____

개념 3 덧셈, 뺄셈, 곱셈이 섞여 있는 식을 계산해 볼까요

• 덧셈, 뺄셈, 곱셈이 섞여 있는 식은 곱셈을 먼저 계산합니다.
• (　　)가 있는 식에서는 (　　) 안을 먼저 계산합니다.

09 가장 먼저 계산해야 하는 부분에 ○표 하시오.

$32 + 2 \times 7 - 4$

10 다음 식의 계산에 대한 설명으로 옳은 것을 모두 고르시오. ······························· (　　　)

$50 - 8 \times 4 + 9$

① 8×4를 가장 먼저 계산합니다.
② 앞에서부터 차례로 계산합니다.
③ $(50 - 8) \times 4 + 9$와 계산 결과가 같습니다.
④ 계산 결과는 27입니다.
⑤ 계산 결과는 177입니다.

11 하나의 식으로 나타내고 답을 구하시오.

(1) 20에 3과 7의 곱을 더하고 15를 뺀 수

식 _____

답 _____

(2) 5에 11과 6의 차를 곱하고 13을 더한 수

식 _____

답 _____

 · 덧셈, 뺄셈, 곱셈이 섞여 있는 식의 계산 방법

앞에서부터 차례로 계산하면 안 됩니다.

$$5 + 9 \times 6 - 12$$
14
84
72 ✗

곱셈을 먼저 계산해야 합니다.

$$5 + 9 \times 6 - 12$$
54
59
47

개념 동영상

개념 4 덧셈, 뺄셈, 나눗셈이 섞여 있는 식을 계산해 볼까요

- 덧셈, 뺄셈, 나눗셈이 섞여 있는 식은 나눗셈을 먼저 계산합니다.

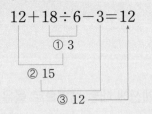

$$12+18\div6-3=12$$
① 3
② 15
③ 12

$$60\div4-2+10=23$$
① 15
② 13
③ 23

- ( )가 있는 식에서는 ( ) 안을 먼저 계산합니다.

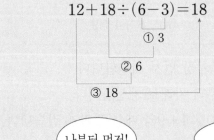

$$12+18\div(6-3)=18$$
① 3
② 6
③ 18

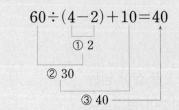

$$60\div(4-2)+10=40$$
① 2
② 30
③ 40

나부터 먼저!

그 다음에 우리야!

내가 있으면 내 안을 먼저 계산해야 해.

개념 체크

❶ 덧셈, 뺄셈, 나눗셈이 섞여 있는 식은
(덧셈 , 뺄셈 , 나눗셈)
을 먼저 계산합니다.

❷ 덧셈, 뺄셈, 나눗셈, ( )
가 있는 식은
(덧셈 , 뺄셈 , 나눗셈,
( ) 안)을 먼저 계산합니다.

여보세요? 정전이 언제까지 되나요?

전신주 교체 공사 때문에 정전이 좀 오래 될 듯 싶어요.

그럼 몇 시간이나 걸릴까요?

{(17+13)÷5-3}시간만큼 걸려요.

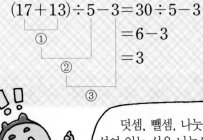

$$(17+13)\div5-3=30\div5-3$$
① $$=6-3$$
② $$=3$$
③

덧셈, 뺄셈, 나눗셈이 섞여 있는 식은 나눗셈을 먼저 계산하고 ( )가 있으면 ( ) 안을 먼저 계산해.

정전이 3시간 정도나 된다고요?

으아앙~ 너무 길어요.

으~ 어두워서 빛을 밝힐 수 있는 것이 없을까요?

음~ 방법이 있어.

스마트폰에 플래시 앱을 깔면 스마트폰을 손전등처럼 사용할 수 있어.

정말요?

개념 체크 정답 ❶ 나눗셈에 ○표 ❷ ( ) 안에 ○표

익힘책 유형

1-1 가장 먼저 계산해야 하는 부분에 ○표 하시오.

$$54-42\div6+8$$

(힌트) 덧셈, 뺄셈, 나눗셈이 섞여 있는 식에서 계산 순서를 생각합니다.

1-2 가장 먼저 계산해야 하는 부분에 ○표 하시오.

(1) $$9-2+48\div12$$

(2) $$30-(21+14)\div7$$

2-1 □ 안에 알맞은 수를 써넣으시오.

(1) $5+23-28\div7=$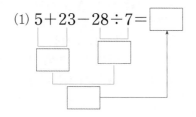

(2) $19-(14+46)\div12=$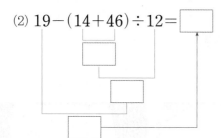

(힌트) 계산 순서에 따라 □ 안에 알맞은 수를 써넣습니다.

2-2 □ 안에 알맞은 수를 써넣으시오.

(1) $32+27\div9-5=$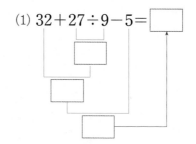

(2) $54\div(3+6)-2=$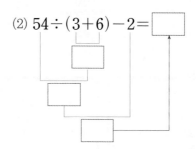

3-1 계산 결과가 더 큰 식의 기호를 쓰시오.

㉠ $10+81\div9-7$

㉡ $(94+5)\div11-2$

(   )

(힌트) ( )가 없는 식과 ( )가 있는 식의 계산 순서를 생각하여 계산합니다.

3-2 계산 결과가 더 작은 식의 기호를 쓰시오.

㉠ $29+36\div9-12$

㉡ $17+(40-16)\div8$

(   )

개념 5 덧셈, 뺄셈, 곱셈, 나눗셈이 섞여 있는 식을 계산해 볼까요

개념 동영상

개념 체크

● 덧셈, 뺄셈, 곱셈, 나눗셈이 섞여 있는 식은 곱셈과 나눗셈을 먼저 계산합니다.

$$24-3 \times 8 \div 6+9=29$$

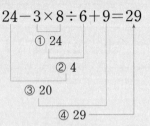

① 24
② 4
③ 20
④ 29

$$4 \times 10-32+96 \div 8=20$$

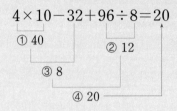

① 40
② 12
③ 8
④ 20

● ( )가 있는 식에서는 ( ) 안을 가장 먼저 계산합니다.

$$(24-3) \times 8 \div 6+9=37$$

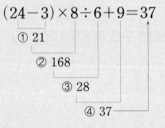

① 21
② 168
③ 28
④ 37

$$4 \times 10-(32+96) \div 8=24$$

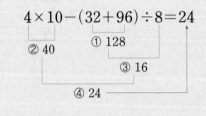

② 40
① 128
③ 16
④ 24

우리부터 먼저!

그 다음에 우리를 계산해.

내가 있으면 내 안을 먼저 계산해야 해.

개념 체크

❶ 덧셈, 뺄셈, 곱셈, 나눗셈이 섞여 있는 식은 (덧셈과 뺄셈 , 곱셈과 나눗셈)을 먼저 계산합니다.

❷ 덧셈, 뺄셈, 곱셈, 나눗셈, ( )가 있는 식은 (덧셈과 뺄셈 , 곱셈과 나눗셈 , ( ) 안)을 먼저 계산합니다.

$$600 \div 3-(26+50) \times 2=48$$

②
①
③
④

48개 잖아.

어서 플래시 앱을 깔아야 겠어요!

앱을 다운로드 하려면 문제를 맞혀야 된다네요.

기념주화 600개를 3일 동안 관람객에게 매일 똑같은 수 만큼 나누어 주려고 한다. 첫날 오전에 어른 26명과 학생 50명에게 기념주화를 2개씩 나누어 주었다. 같은 날 오후에 나누어 주는 기념주화는 몇 개인지 구하는 식을 하나로 써 보아라.

다운로드

이 문제는 좀 까다롭네. 넌 알고 있니?

난 어두운 것이 좋더라.

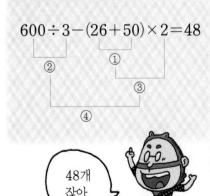

와~ 빛이 밝아요.

전기가 들어 올 때까지 기다려야 겠…… 쿠울~!!

크~ 머리 닿자마자 꿀잠이네.

쩨앵

으앙! 눈뜨니 아침이잖아.

개념 체크 정답 ❶ 곱셈과 나눗셈에 ○표 ❷ ( ) 안에 ○표

1-1 계산 순서에 맞게 기호를 써 보시오.

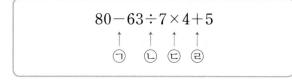

$$80-63\div7\times4+5$$

( )

힌트 덧셈, 뺄셈, 곱셈, 나눗셈이 섞여 있는 식에서 계산 순서를 생각합니다.

1-2 계산 순서에 맞게 기호를 써 보시오.

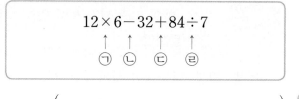

$$12\times6-32+84\div7$$

( )

익힘책 유형

2-1 보기 와 같이 계산 순서를 나타내고 계산을 하시오.

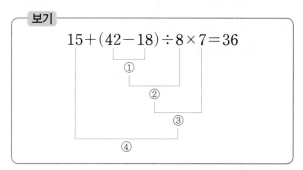

보기

$$15+(42-18)\div8\times7=36$$

$$56\div(5+9)\times12-30=\boxed{}$$

힌트 ( )가 있는 혼합 계산은 ( ) 안을 가장 먼저 계산합니다.

2-2 보기 와 같이 계산 순서를 나타내고 계산을 하시오.

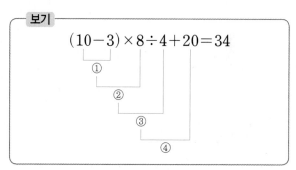

보기

$$(10-3)\times8\div4+20=34$$

$$31+6\times(15-8)\div3=\boxed{}$$

3-1 계산 결과를 비교하여 ○ 안에 >, =, <를 알맞게 써넣으시오.

$$2\times5+65\div13-8 \bigcirc 2\times5+65\div(13-8)$$

힌트 ( )가 없는 식과 ( )가 있는 식의 계산 순서를 생각하여 계산합니다.

3-2 계산 결과를 비교하여 ○ 안에 >, =, <를 알맞게 써넣으시오.

$$200\div5+3\times4-6 \bigcirc 200\div(5+8)\times4-6$$

자연수의 혼합 계산

1

개념 4 덧셈, 뺄셈, 나눗셈이 섞여 있는 식을 계산해 볼까요

- 덧셈, 뺄셈, 나눗셈이 섞여 있는 식은 나눗셈을 먼저 계산합니다.
- ( )가 있는 식에서는 ( ) 안을 먼저 계산합니다.

교과서 **유형**

01 □ 안에 알맞은 수를 써넣으시오.

(1) $9+60\div20-4=\boxed{}$

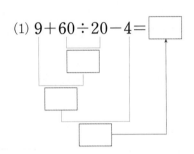

(2) $105\div(7-2)+4=\boxed{}$

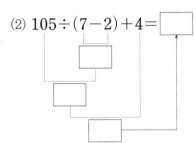

02 바르게 계산한 사람은 누구입니까?

- 은석: $12+54\div9-10=8$
- 송이: $24+16\div8-1=4$

(　　　　　　)

03 계산을 하시오.

(1) $23+47-72\div6=\boxed{}$

(2) $20-125\div(17+8)=\boxed{}$

익힘책 **유형**

04 계산이 잘못된 곳을 찾아 ○로 표시하고 옳게 고쳐 계산하시오.

$16+(36-12)\div4$
$=16+24\div4$
$=40\div4$
$=10$

$16+(36-12)\div4$

05 지수는 단팥빵 30개를 똑같이 5봉지에 나누어 담은 것 중 한 봉지와 크림빵 4개를 받았습니다. 그중에서 3개를 먹었다면 남은 빵은 몇 개인지 하나의 식으로 나타내고 답을 구하시오.

식

답 ＿＿＿＿＿＿＿＿＿

개념 5 덧셈, 뺄셈, 곱셈, 나눗셈이 섞여 있는 식을 계산해 볼까요

- 덧셈, 뺄셈, 곱셈, 나눗셈이 섞여 있는 식은 곱셈과 나눗셈을 먼저 계산합니다.
- ( )가 있는 식에서는 ( ) 안을 먼저 계산합니다.

06 가장 먼저 계산해야 하는 부분의 기호를 쓰시오.

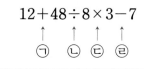

$$12+48\div8\times3-7$$

(　　　　　　　)

07 계산 결과가 20보다 큰 것은 어느 것입니까?
·····························(　　)

① $10+8\times(9-6)\div4$
② $5\times10-18+12\div6$
③ $(60-9)\div17+2\times5$
④ $13+54\div(3\times2)-7$
⑤ $90\div15+24-4\times5$

08 밑줄 친 수를 생각하여 두 식을 하나의 식으로 나타내어 보시오.

$$46-10\times3=\underline{16}$$
$$\underline{16}+25\div5=21$$

 식 _____

09 계산 결과가 큰 것부터 차례로 기호를 쓰시오.

㉠ $30+14\times3\div7-9$
㉡ $(58-13)\div5+2\times6$
㉢ $62-(19+8)\div3\times4$

(　　　　　　　)

익힘책 유형

10 다음 식이 성립하도록 ( )로 묶어 보시오.

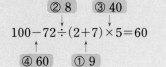

$$8 + 42 \div 2\times3 - 9 = 6$$

 • 덧셈, 뺄셈, 곱셈, 나눗셈이 섞여 있는 식의 계산 방법

② 8　　③ 40
$$100-72\div(2+7)\times5=60$$
④ 60　　① 9

① ( ) 안을 가장 먼저 계산합니다.
②, ③ 곱셈과 나눗셈을 앞에서부터 차례로 계산합니다.
④ 뺄셈을 마지막으로 계산합니다.

01 보기 와 같이 계산 순서를 나타내고 계산을 하시오.

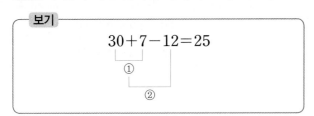

(1) $53 - 18 + 7 = \boxed{}$

(2) $47 - (6 + 13) = \boxed{}$

02 두 식의 계산 결과가 같으면 ○표, 아니면 ×표 하시오.

$$40 - (24 + 6)$$ $$40 - 24 + 6$$

(   )

03 가장 먼저 계산해야 하는 부분에 ○표 하시오.

$$45 - 4 \times 6 + 8$$

04 □ 안에 알맞은 수를 써넣으시오.

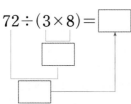

05 계산을 하시오.

(1) $14 \times 5 \div 7 = \boxed{}$

(2) $90 \div (3 \times 6) = \boxed{}$

06 □ 안에 알맞은 수를 써넣으시오.

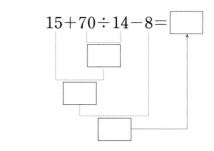

07 다음 식을 보고 바르게 설명한 사람은 누구입니까?

$$29 - (7 \times 3) + 5$$

(   )

08 계산 순서에 맞게 기호를 써 보시오.

$$83-11\times7+78\div6$$
$$\uparrow \quad \uparrow \quad \uparrow \quad \uparrow$$
$$㉠ \quad ㉡ \quad ㉢ \quad ㉣$$

( )

09 문제를 식으로 바르게 만든 것을 모두 고르시오.
·······················( )

선재는 용돈 5000원으로 900원짜리 빵 1개와 600원짜리 우유 1개를 샀습니다. 선재에게 남은 돈은 얼마입니까?

① $5000+900+600$
② $5000-(900+600)$
③ $5000+900-600$
④ $5000-900-600$
⑤ $5000-(900-600)$

10 계산을 하시오.

$$72-13\times(24\div6)+15=\boxed{}$$

11 계산 결과를 찾아 선으로 이으시오.

$2\times(20-7)+5$	·	·	21
$17+(34-26)\times3$	·	·	31
$32-5\times4+9$	·	·	41

12 하나의 식으로 나타내고 답을 구하시오.

39에서 25를 5로 나눈 몫을 뺀 다음 6을 더한 수

식

답

13 연필 한 타는 12자루입니다. 연필 3타를 9명에게 남김없이 똑같이 나누어 주려고 합니다. 한 명에게 몇 자루씩 주면 됩니까?

( )

14 ( )가 없어도 계산 결과가 같은 식은 어느 것입니까? ·······················( )

① $31-24\div(6+2)$ ② $24+(45\div9)-2$
③ $56\div(7+1)-5$ ④ $41+(40-16)\div8$
⑤ $(36+18)\div6-4$

15 계산 결과를 비교하여 ○ 안에 >, =, <를 알맞게 써넣으시오.

$$108\div9+3-5 \bigcirc 108\div(9+3)-5$$

1

자연수의 혼합 계산

· 정답은 6쪽

16 계산이 잘못된 곳을 찾아 이유를 쓰고 옳게 고쳐 계산하시오.

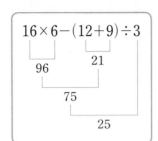

$16 \times 6 - (12 + 9) \div 3$

이유

---

17 두 식의 계산 결과의 차를 구하시오.

$$12 + (42 - 14) \times 3 \div 7$$
$$12 + 42 - 14 \times 3 \div 7$$

( )

18 □ 안에 들어갈 수 있는 가장 작은 자연수를 구하시오.

$$11 + (43 - 27) \times 3 < \boxed{}$$

( )

19 식당에 있는 음식의 가격을 나타낸 것입니다. ❶연진이는 어묵을 2개 먹었고, 주완이는 떡볶이와 김밥을 먹었습니다. /❷두 사람이 음식을 먹고 10000원을 냈다면 거스름돈으로 얼마를 받아야 합니까?

메뉴	어묵	김밥	떡볶이	튀김
가격(원)	1500	3000	3500	2500

( )

해결의 법칙

❶ 두 사람이 먹은 음식의 값을 알아봅니다.

❷ 낸 돈에서 음식 값을 빼어 거스름돈을 알아봅니다.

20 ❷다음 식의 □ 안에 알맞은 수를 써넣으시오.

$$❶9 + (47 - \boxed{}) \div 4 = 15$$

해결의 법칙

❶ 계산 순서를 정합니다.

❷ 마지막 계산부터 거꾸로 생각하여 답을 구합니다.

1 포포즈(four fours)란 네 개의 숫자 4와 +, −, ×, ÷의 수학 기호를 사용하여 여러 가지 수를 만드는 게임입니다. ○ 안에 알맞은 연산 기호를 써넣어 목표 수를 만들어 보시오. (단, 같은 기호를 여러 번 사용해도 됩니다.)

포포즈(four fours)

$$4+4\div4-4=1 \qquad 4\times4\div4\div4=1$$
$$4\div4+4\div4=2 \qquad 4-(4+4)\div4=2$$

$(4 \bigcirc 4 \bigcirc 4) \bigcirc 4=3$ $\qquad$ $(4 \bigcirc 4) \bigcirc 4 \bigcirc 4=4$

$(4 \bigcirc 4 \bigcirc 4) \bigcirc 4=5$ $\qquad$ $(4 \bigcirc 4) \bigcirc 4 \bigcirc 4=6$

2 다음과 같은 모양으로 바둑돌을 놓으려고 합니다. 열째 모양을 만드는 데 필요한 바둑돌의 수를 구하시오.

첫째 $\qquad$ 둘째 $\qquad$ 셋째 $\qquad$ 넷째

(1) 빈칸에 알맞게 써넣어 필요한 바둑돌의 수를 구하시오.

구분	바둑돌의 수(개)	식
첫째	1	1
둘째	3	1+2
셋째		
넷째		
⋮	⋮	⋮
열째		

어떤 규칙으로 바둑돌을 놓고 있는지 찾아봐.

(2) 다른 식을 세워 열째 모양을 만드는 데 필요한 바둑돌의 수를 구하시오.

식 _____

답 _____

제2화 천재 개가 된 잔디!

이미 배운 내용

[3-2 나눗셈]
· (두 자리 수)÷(한 자리 수)

[4-1 곱셈과 나눗셈]
· (세 자리 수)×(두 자리 수)
· (세 자리 수)÷(두 자리 수)

이번에 배울 내용

· 약수와 배수
· 약수와 배수의 관계
· 공약수와 최대공약수
· 공배수와 최소공배수

앞으로 배울 내용

[5-1 약분과 통분]
· 약분과 통분

[5-1 분수의 덧셈과 뺄셈]
· 분수의 덧셈과 뺄셈

개념 1 약수와 배수를 찾아볼까요 – 약수 알아보기

 개념 동영상

약수: 어떤 수를 나누어떨어지게 하는 수

예) 6의 약수 구하기

$6 \div 1 = 6$
$6 \div 2 = 3$
$6 \div 3 = 2$
$6 \div 4 = 1 \cdots 2$
$6 \div 5 = 1 \cdots 1$
$6 \div 6 = 1$

⇨ 6을 1, 2, 3, 6으로 나누면 나누어떨어집니다.

6의 약수: 1, 2, 3, 6

난 모든 수의 약수야.

- 어떤 수의 약수에는 1과 어떤 수 자기 자신이 항상 포함됩니다.

- 수가 더 크다고 약수의 개수가 더 많은 것은 아닙니다.
  예) 4의 약수: 1, 2, 4
  ⇨ 4의 약수의 개수가 더 많습니다.
  5의 약수: 1, 5

개념 체크

❶ 어떤 수를 나누어떨어지게 하는 수를 그 수의 [   ]라고 합니다.

❷ 모든 수의 약수에는 자기 자신과 (0 , 1)이 항상 포함됩니다.

❸ 큰 수일수록 약수의 개수는 많아집니다. (○ , ×)

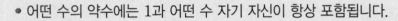

잔디가 벼락을 맞고 천재가 되었다고?

응!

번개 치는 날 산책하러 나갔다가 그만 벼락을 맞았는데 천재가 됐지 뭐야.

어떤 수를 나누어떨어지게 하는 수를 그 수의 [   ]라고 합니다.

그렇다면 여기 □ 안에 어떤 말이 들어가는지 맞혀 봐!

약수! 예도 들어볼까? 6을 1, 2, 3, 6으로 나누면 나누어떨어지니까 1, 2, 3, 6은 6의 약수이지.

헉!

나에게도 번개를 내려 주소서!

개념 체크 정답 ❶ 약수 ❷ 1에 ○표 ❸ ×에 ○표

· 정답은 8쪽

2
약수와 배수

교과서 **유형**

1-1 5의 약수를 구하려고 합니다. 다음을 보고 □ 안에 알맞은 수를 써넣으시오.

$$5 \div 1 = 5 \qquad 5 \div 2 = 2 \cdots 1$$
$$5 \div 3 = 1 \cdots 2 \qquad 5 \div 4 = 1 \cdots 1$$
$$5 \div 5 = 1$$

5를 나누어떨어지게 하는 수는 □, 5이므로

5의 약수는 □, □입니다.

힌트 5를 1, 5로 나누었을 때 나누어떨어집니다.

1-2 4의 약수를 구하려고 합니다. 다음을 보고 □ 안에 알맞은 수를 써넣으시오.

$$4 \div 1 = 4 \qquad 4 \div 2 = 2$$
$$4 \div 3 = 1 \cdots 1 \qquad 4 \div 4 = 1$$

4를 나누어떨어지게 하는 수는 □, □, 4

이므로 4의 약수는 □, □, □입니다.

익힘책 **유형**

2-1 14의 약수를 모두 구하려고 합니다. □ 안에 알맞은 수를 써넣으시오.

$$14 \div \square = 14 \qquad 14 \div \square = 7$$
$$14 \div \square = 2 \qquad 14 \div \square = 1$$

14의 약수 (□, □, □, □)

힌트 14의 약수는 14를 나누어떨어지게 하는 수입니다.

2-2 21의 약수를 모두 구하려고 합니다. □ 안에 알맞은 수를 써넣으시오.

$$21 \div \square = 21 \qquad 21 \div \square = 7$$
$$21 \div \square = 3 \qquad 21 \div \square = 1$$

21의 약수 (□, □, □, □)

3-1 왼쪽 수의 약수를 모두 찾아 ○표 하시오.

| 10 | 1 | 3 | 5 | 10 |

힌트 약수란 어떤 수를 나누어떨어지게 하는 수입니다.

3-2 18의 약수에 모두 색칠하시오.

| 2 | 3 | 6 | 12 |

4-1 다음을 모두 구하시오.

16의 약수

⇨ _____

힌트 16을 나누어떨어지게 하는 수를 구합니다.

4-2 다음을 모두 구하시오.

12의 약수

⇨ _____

개념 2 약수와 배수를 찾아볼까요 – 배수 알아보기

개념 동영상

배수: 어떤 수를 1배, 2배, 3배…… 한 수

예 4의 배수 구하기

4를 1배 한 수: $4 \times 1 = 4$
4를 2배 한 수: $4 \times 2 = 8$
4를 3배 한 수: $4 \times 3 = 12$
4를 4배 한 수: $4 \times 4 = 16$
⋮

⇨ 4의 배수: 4, 8, 12, 16……

- 어떤 수의 배수는 무수히 많습니다.
- 모든 수의 배수에는 자기 자신이 항상 포함됩니다.

◆ × 1 = ◆

모든 수의 배수에는 자기 자신이 항상 포함돼.

개념 체크

❶ 어떤 수를 1배, 2배, 3배 …… 한 수를 그 수의 (약수 , 배수)라고 합니다.

❷ 어떤 수의 배수는 무수히 많습니다.………(○ , ×)

❸ (어떤 수) × 1 = (어떤 수) 이므로 모든 수의 배수에는 항상 1이 포함됩니다. ………………(○ , ×)

 : $2 \times 1 = 2$(개)

   : $2 \times 2 = 4$(개)

: $2 \times 3 = 6$(개)

1-1 □ 안에 알맞은 수를 써넣으시오.

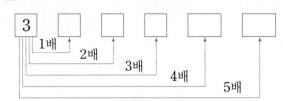

> 힌트　3을 1배 한 수는 3×1=3입니다.

1-2 □ 안에 알맞은 수를 써넣으시오.

5를 1배 한 수는 □ 입니다.

5를 2배 한 수는 □ 입니다.

5를 3배 한 수는 □ 입니다.

2-1 □ 안에 알맞은 수를 써넣어 6의 배수를 3개 구하시오.

$6 \times 1 =$ □　　　$6 \times 2 =$ □

$6 \times 3 =$ □ ······

6의 배수 (□ , □ , □)

> 힌트　6의 배수는 6을 1배, 2배, 3배······ 한 수입니다.

2-2 □ 안에 알맞은 수를 써넣어 8의 배수를 3개 구하시오.

$8 \times 1 =$ □　　　$8 \times 2 =$ □

$8 \times 3 =$ □ ······

8의 배수 (□ , □ , □)

익힘책 유형

3-1 2의 배수를 5개 쓰시오.

□ , □ , □ , □ , □

> 힌트　어떤 수를 1배, 2배, 3배······ 한 수가 그 수의 배수입니다.

3-2 9의 배수를 5개 쓰시오.

□ , □ , □ , □ , □

교과서 유형

4-1 8은 어떤 수의 배수인지 모두 찾아 ○표 하시오.

> 1　2　3　4　6　8

> 힌트　어떤 수에 몇을 곱했을 때 8이 되는지 알아봅니다.

4-2 10은 어떤 수의 배수인지 모두 찾아 ○표 하시오.

> 1　2　4　5　8　10

개념 3 곱을 이용하여 약수와 배수의 관계를 알아볼까요

배수
■ = ▲ × ●   ▲, ●는 ■의 약수이고
약수   ■는 ▲, ●의 배수입니다.

개념 동영상

개념 체크

① 곱셈식에서 계산 결과는 곱하는 두 수의 배수입니다. ……………(○ , ×)

예 6을 두 수의 곱으로 나타내기

6의 약수
$6 = 1 \times 6$
1, 6의 배수

6의 약수
$6 = 2 \times 3$
2, 3의 배수

6은 1, 6의 배수입니다.
1, 6은 6의 약수입니다.

6은 2, 3의 배수입니다.
2, 3은 6의 약수입니다.

➡ 6은 1, 2, 3, 6의 배수입니다. / 1, 2, 3, 6은 6의 약수입니다.

② 곱셈식에서 곱하는 두 수는 계산 결과의 약수입니다. ……………(○ , ×)

③ 5가 10의 약수이면 10은 5의 배수입니다. ……………(○ , ×)

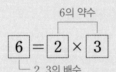

난 너희들의 배수야.

우리는 너의 약수야.

내 눈과 귀로 보고 듣고도 못 믿겠다. 잔디가 천재가 되다니!

호잇! 천재 잔디라고 불러 주세요!

그래, 천재 잔디야! $15 = 3 \times 5$에서 3과 5는 15의 무엇이냐?

'약수' 입니다

그럼 15는 3과 5의 무엇이냐?

'배수' 입니다

이 천재 잔디가 약수와 배수의 관계를 간단하게 표현해 드리죠.

15의 약수

15의 약수

$15 = 3 \times 5$

3의 배수

5의 배수

대단해!

나중에 해법 동물원의 천재라고 소문난 원숭이와 대결을 시켜봐야겠어!

나를 말도 못하는 원숭이와 비교하다니!!!

개념 체크 정답 ① ○에 ○표 ② ○에 ○표 ③ ○에 ○표

1-1 □ 안에 알맞은 수나 말을 써넣으시오.

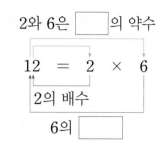

2와 6은 □의 약수

$$12 = 2 \times 6$$

2의 배수

6의 □

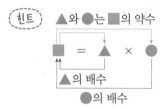

(힌트) ▲와 ●는 ■의 약수

■ = ▲ × ●

▲의 배수

●의 배수

1-2 다음 식을 보고 □ 안에 알맞은 수나 말을 써넣으시오.

$$36 = 4 \times 9$$

⑴ 36은 4와 9의 □입니다.

⑵ 4와 □는 36의 약수입니다.

교과서 유형

2-1 식을 보고 □ 안에 알맞은 수를 써넣으시오.

$$9 = 1 \times 9 \qquad 9 = 3 \times 3$$

9는 □, □, □의 배수이고

□, □, □은(는) 9의 약수입니다.

(힌트) 곱셈식에서 계산 결과는 곱하는 두 수의 배수이고, 곱하는 두 수는 계산 결과의 약수입니다.

2-2 식을 보고 □ 안에 알맞은 수를 써넣으시오.

$$14 = 1 \times 14 \qquad 14 = 2 \times 7$$

14는 □, □, □, □의 배수이고

□, □, □, □은(는) 14의 약수

입니다.

3-1 약수와 배수의 관계인 것에 모두 ○표 하시오.

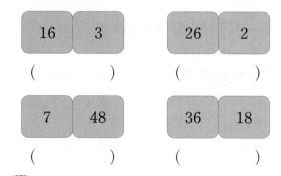

| 16 | 3 |
( )

| 26 | 2 |
( )

| 7 | 48 |
( )

| 36 | 18 |
( )

(힌트) 큰 수를 작은 수로 나누었을 때 나누어떨어지면 두 수는 약수와 배수의 관계입니다.

3-2 약수와 배수의 관계인 것에 모두 ○표 하시오.

| 5 | 30 |
( )

| 36 | 7 |
( )

| 9 | 19 |
( )

| 4 | 8 |
( )

개념 1 **약수와 배수를 찾아볼까요 – 약수 알아보기**

약수: 어떤 수를 나누어떨어지게 하는 수

예) 8의 약수 ⇨ 1, 2, 4, 8

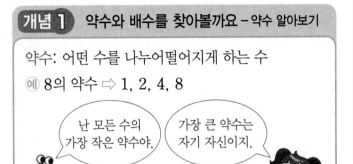

난 모든 수의 가장 작은 약수야.

가장 큰 약수는 자기 자신이지.

교과서 **유형**

01 ☐ 안에 알맞은 수를 써넣고 20의 약수를 구하시오.

$20 \div \boxed{} = 20$ $20 \div \boxed{} = 10$

$20 \div \boxed{} = 5$ $20 \div \boxed{} = 4$

$20 \div \boxed{} = 2$ $20 \div \boxed{} = 1$

20의 약수 ⇨ _____

02 모든 자연수의 약수가 되는 수는 무엇입니까?

.... (   )

① 0   ② 1   ③ 5

④ 10   ⑤ 100

03 36의 약수가 <u>아닌</u> 수에 ×표 하시오.

3   9   8   12   36

04 약수의 개수가 더 많은 수에 ◯표 하시오.

4   11

05 다음은 어떤 수의 약수를 모두 쓴 것입니다. 어떤 수를 구하시오.

1   2   17   34

가장 큰 약수는 자기 자신이야.

(   )

개념 2 **약수와 배수를 찾아볼까요 – 배수 알아보기**

배수: 어떤 수를 1배, 2배, 3배…… 한 수

가장 작은 배수는 자기 자신

2의 배수 → ②, 4, 6, 8, 10……

3의 배수 → ③, 6, 9, 12, 15……

4의 배수 → ④, 8, 12, 16, 20……

[06~07] 배수를 3개 쓰시오.

06 10의 배수

(   )

07 15의 배수

(   )

08 9의 배수가 <u>아닌</u> 수에 ×표 하시오.

27	54	64	18	45

[09~10] 수 배열표를 보고 물음에 답하시오.

1	2	3	4	5
6	7	8	9	10
11	12	13	14	15
16	17	18	19	20
21	22	23	24	25
26	27	28	29	30

익힘책 유형

09 3의 배수에는 ○표, 8의 배수에는 △표 하시오.

10 위 배열표에서 3의 배수이면서 8의 배수인 수를 찾아 보시오.

( )

개념 3 곱을 이용하여 약수와 배수의 관계를 알아 볼까요

교과서 유형

11 18=3×6을 보고 □ 안에 '약수' 또는 '배수'를 알 맞게 써넣으시오.

18은 3과 6의 [ ]입니다.

3과 6은 18의 [ ]입니다.

12 30과 서로 약수와 배수의 관계인 수에 모두 ○표 하시오.

3	10	45	55	90

13 다음 식을 보고 설명이 옳은 것을 모두 고르시오.
.... ( )

| $20 = 2 \times 10$ | $20 \div 4 = 5$ |

① 20은 2의 배수입니다.

② 2는 20의 배수입니다.

③ 4는 20의 약수입니다.

④ 20의 약수는 2와 10뿐입니다.

⑤ 4와 5는 서로 약수와 배수의 관계입니다.

해결의 창 약수를 구할 때 1과 자기 자신도 반드시 포함시켜야 해요.
예) 12는 2, 3, 4, 6으로 나누어떨어지므로 12의 약수는 2, 3, 4, 6입니다. (×)
12=1×12, 12=2×6, 12=3×4이므로 12의 약수는 1, 2, 3, 4, 6, 12입니다. (○)

2

약수와 배수

개념 4 공약수와 최대공약수를 구해 볼까요

개념 동영상

> 공약수: 두 수의 공통인 약수
>
> 최대공약수: 두 수의 공약수 중에서 가장 큰 수

예 12와 18의 공약수 구하기

12의 약수	①	②	③	4	⑥	12
18의 약수	①	②	③	⑥	9	18

⇨ 12와 18의 공약수: 1, 2, 3, 6

　　12와 18의 최대공약수: 6

- 공약수 중에서 가장 큰 수가 최대공약수입니다.

- 최대공약수를 찾아 그 약수를 구하면 공약수입니다.

  예 12와 18의 최대공약수: 6 ⇨ 6의 약수는 1, 2, 3, 6

  　　따라서 12와 18의 공약수: 1, 2, 3, 6

- 1은 모든 수의 공약수입니다.

난 모든 수의
공약수야.

개념 체크

❶ 두 수의 공통인 약수를
(공약수 , 최대공약수)라
고 합니다.

❷ 두 수의 공약수 중에서 가장
(작은, 큰) 수를 두 수의 최
대공약수라고 합니다.

개념 체크 정답 ❶ 공약수에 ◯표 ❷ 큰에 ◯표

1-1 다음을 보고 6과 9의 공약수를 구하시오.

> 6의 약수: 1, 2, 3, 6
> 9의 약수: 1, 3, 9

(☐ , ☐)

힌트 공약수란 두 수의 공통인 약수입니다.

1-2 표에서 20과 12의 공약수를 모두 찾아 ○표 하시오.

20의 약수	1	2	4	5	10	20
12의 약수	1	2	3	4	6	12

교과서 유형

2-1 16과 24의 최대공약수를 구하려고 합니다. 물음에 답하시오.

(1) 16과 24의 약수를 모두 구하시오.

16의 약수	
24의 약수	

(2) 위 (1)에서 16과 24의 공약수를 모두 찾아 ○표 하시오.

(3) 16과 24의 최대공약수를 구하시오.

( )

힌트 두 수의 공약수를 구하고 그중 가장 큰 수를 찾습니다.

2-2 18과 30의 최대공약수를 구하려고 합니다. 물음에 답하시오.

(1) 18과 30의 약수를 모두 구하시오.

18의 약수	
30의 약수	

(2) 위 (1)에서 18과 30의 공약수를 모두 찾아 ○표 하시오.

(3) 18과 30의 최대공약수를 구하시오.

( )

2

약수와 배수

익힘책 유형

3-1 최대공약수가 15인 두 수의 공약수를 모두 구하시오.

( )

힌트 두 수의 공약수는 최대공약수의 약수입니다.

3-2 최대공약수가 21인 두 수의 공약수를 모두 구하시오.

( )

개념 5 최대공약수를 구하는 방법을 알아볼까요 (1)

개념 동영상

• 두 수의 곱으로 나타낸 곱셈식을 이용하여 최대공약수 구하기

예) 12와 18의 최대공약수 구하기

1 두 수의 곱으로 나타내기

$12 = 1 \times 12$　　$18 = 1 \times 18$

$12 = 2 \times 6$　　$18 = 2 \times 9$

$12 = 3 \times 4$　　$18 = 3 \times 6$

2 공통인 수 중 가장 큰 수 구하기

1, 2, 3, 6에서
가장 큰 수는 6

3 최대공약수 구하기

$12 = 2 \times 6$　　　$18 = 3 \times 6$

⇩　　　　　⇩

12와 18의 최대공약수: 6

• 여러 수의 곱으로 나타낸 곱셈식을 이용하여 최대공약수 구하기

예) 42와 63의 최대공약수 구하기

$42 = 7 \times 3 \times 2$　　$63 = 7 \times 3 \times 3$

‖　　　　‖

21　　　21

⇩　　　⇩

42와 63의 최대공약수: 21

수가 클 때에는 여러 수의 곱으로 나타내어 구해 봐.

❶ 두 수의 최대공약수를 구할 때는 각각의 수를 (곱셈식 , 나눗셈식) 으로 나타냅니다.

❷ 곱셈식으로 나타낸 수 중에서 공통으로 들어 있는 가장 (큰 , 작은) 수가 최대공약수입니다.

· 정답은 9쪽

익힘책 유형

1-1 14와 21을 두 수의 곱으로 나타낸 곱셈식을 보고 물음에 답하시오.

$$14 = 1 \times 14 \qquad 14 = 2 \times 7$$
$$21 = 1 \times 21 \qquad 21 = 3 \times 7$$

(1) 14와 21의 최대공약수를 구하기 위한 두 수의 곱셈식을 쓰시오.

$$14 = 2 \times \boxed{}$$
$$21 = \boxed{} \times \boxed{}$$

(2) 14와 21의 최대공약수를 구하시오.

( )

힌트) 두 곱셈식에 공통으로 들어 있는 수 중에서 가장 큰 수를 찾습니다.

1-2 15와 27을 두 수의 곱으로 나타낸 곱셈식을 보고 물음에 답하시오.

$$15 = 1 \times 15 \qquad 15 = 3 \times 5$$
$$27 = 1 \times 27 \qquad 27 = 3 \times 9$$

(1) 15와 27의 최대공약수를 구하기 위한 두 수의 곱셈식을 쓰시오.

$$15 = 3 \times \boxed{}$$
$$27 = \boxed{} \times \boxed{}$$

(2) 15와 27의 최대공약수를 구하시오.

( )

2-1 20과 30의 최대공약수를 구하려고 합니다. ☐ 안에 알맞은 수를 써넣으시오.

$$20 = 2 \times 2 \times 5$$
$$30 = 2 \times 3 \times \boxed{}$$

최대공약수: $2 \times \boxed{} = \boxed{}$

힌트) 곱셈식에서 공통인 수를 찾아봅니다.

2-2 18과 27의 최대공약수를 구하려고 합니다. ☐ 안에 알맞은 수를 써넣으시오.

$$18 = 2 \times 3 \times \boxed{}$$
$$27 = 3 \times 3 \times \boxed{}$$

최대공약수: $3 \times \boxed{} = \boxed{}$

3-1 빈칸에 두 수의 최대공약수를 써넣으시오.

10	14

힌트) 두 수를 곱셈식으로 나타내어 공통으로 들어 있는 가장 큰 수를 찾습니다.

3-2 빈칸에 두 수의 최대공약수를 써넣으시오.

24	36

2

약수와 배수

개념 6 최대공약수를 구하는 방법을 알아볼까요 (2)

개념 체크

- 두 수의 공약수를 이용하여 최대공약수 구하기
  ① 1 이외의 공약수로 두 수를 나누고 각각의 몫을 밑에 씁니다.
  ② 1 이외의 공약수가 없을 때까지 나눗셈을 계속합니다.
  ③ 나눈 공약수들의 곱이 처음 두 수의 최대공약수입니다.

❶ 최대공약수를 구하려면 두 수의 공통인 (약수 , 배수)로 두 수를 나누어야 합니다.

- 15와 20을 공통으로 나눌 수 있는 가장 큰 수로 나누어 구하기

$$5\,)\!\underline{15\quad20}$$
$$3\quad\,\,4$$

15와 20의 최대공약수: 5

❷ 더 이상 나눌 수 없을 때까지 두 수를 공약수로 나누어 나눈 공약수들을 곱하면 [   ]입니다.

- 두 수의 공약수로 나누어 구하기

45와 75의 공약수 → $3\,)\!\underline{45\quad75}$
15와 25의 공약수 → $5\,)\!\underline{15\quad25}$
$\,3\quad\,\,5$

45와 75의 최대공약수: $3\times5=15$

나는 이렇게 멋진 옷을 기대했었단 말야.

똥파리맨 옷을 만드느라 16과 20의 최대공약수만큼 시간이 걸렸다구.

공약수를 이용하여 최대공약수를 구해보니 옷을 만든 시간은 4시간이네.

$$2\,)\!\underline{16\quad20}$$
$$2\,)\!\underline{8\quad\,\,10}$$
$$\,4\quad\,\,5$$

⇨ 최대공약수: $2\times2=4$

고생한 것은 알겠는데 이 옷은 좀……

삐짐~!!

좋아~ 다시 만들어 줄게.

얏호!!

더워서 힘들어. 그냥 똥파리맨 옷 입을게~

털털맨 옷은 어때?

뒤뚱! 뒤뚱!

개념 체크 정답 ❶ 약수에 ○표 ❷ 최대공약수

교과서 **유형**

1-1 □ 안에 알맞은 수를 써넣어 20과 25의 최대공약수를 구하시오.

□) 20　25
□　　　5

최대공약수: _____

(힌트) 20과 25를 공통으로 나누어떨어지게 하는 수 중에서 가장 큰 수를 찾습니다.

1-2 □ 안에 알맞은 수를 써넣어 18과 21의 최대공약수를 구하시오.

□) 18　21
□　　　7

최대공약수: _____

2-1 두 수의 최대공약수를 구하려고 합니다. □ 안에 알맞은 수를 써넣으시오.

(1)
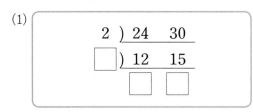

최대공약수: □ × □ = □

(2)

3) 15　45
□) 5　15
□　□

최대공약수: □ × □ = □

(힌트) 두 수의 공약수로 나누면서 최대공약수를 구합니다.

2-2 두 수의 최대공약수를 구하려고 합니다. □ 안에 알맞은 수를 써넣으시오.

(1)
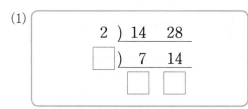

최대공약수: □ × □ = □

(2)
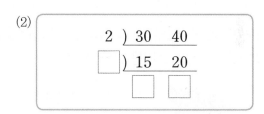

최대공약수: □ × □ = □

3-1 사과 27개, 귤 45개를 최대한 많은 바구니에 남김없이 똑같이 나누어 담으려고 합니다. 바구니는 몇 개를 준비해야 합니까?

(　　　　　　　　　)

(힌트) 사과 수와 귤 수의 최대공약수를 찾습니다.

3-2 어른 36명과 어린이 42명이 최대한 많은 차에 남김없이 똑같이 나누어 타려고 합니다. 차는 몇 대가 있어야 합니까?

(　　　　　　　　　)

2

약수와 배수

개념 **4** 공약수와 최대공약수를 구해 볼까요

공약수: 두 수의 공통인 약수

최대공약수: 두 수의 공약수 중에서 가장 큰 수

(두 수의 공약수)=(두 수의 최대공약수의 약수)

교과서 **유형**

[01~02] 그림과 같은 조각을 이용하여 빈 곳을 채우려고 합니다. 물음에 답하시오.

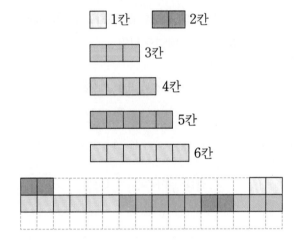

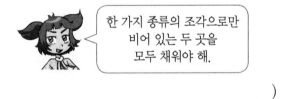

01 위쪽의 빈 곳 12칸과 아래쪽의 빈 곳 16칸을 동시에 채울 수 있는 조각을 모두 쓰시오.

한 가지 종류의 조각으로만 비어 있는 두 곳을 모두 채워야 해.

( )

02 두 곳을 모두 채울 수 있는 가장 큰 조각의 크기는 어느 것입니까?

( )

03 35와 40의 공약수를 구하시오.

( )

04 16과 20의 공약수에 모두 ○표 하고 최대공약수를 구하시오.

1	2	3	4	5	6

( )

05 32와 40을 어떤 수로 나누면 모두 나누어떨어집니다. 어떤 수 중에서 가장 큰 수를 구하시오.

( )

06 다음을 보고 36과 42의 '공약수'와 '최대공약수의 약수'의 관계를 설명하시오.

36과 42의 공약수: 1, 2, 3, 6

36과 42의 최대공약수: 6

최대공약수 6의 약수: 1, 2, 3, 6

설명

개념 5 최대공약수를 구하는 방법을 알아볼까요 (1)

두 수를 각각 곱으로 나타내어 구하기

$18 = 2 \times 3 \times 3$ $24 = 2 \times 3 \times 4$

$\parallel$ $\parallel$

6 6

$\Downarrow$ $\Downarrow$

18과 24의 최대공약수: 6

교과서 유형

07 6과 9의 최대공약수를 구하기 위한 두 수의 곱셈식을 쓰고, 최대공약수를 구하시오.

$6 = 2 \times \square$

$9 = \square \times \square$

최대공약수: _____

08 곱셈식을 보고 28과 44의 최대공약수를 구하시오.

$28 = 2 \times 2 \times 7$

$44 = 2 \times 2 \times 11$

( )

09 두 수의 최대공약수가 가장 큰 것은 어느 것입니까? ·········· ( )

① 8, 12   ② 16, 24

③ 12, 20   ④ 21, 28

⑤ 35, 45

개념 6 최대공약수를 구하는 방법을 알아볼까요 (2)

두 수의 공약수로 나누어 구하기

24와 42의 공약수 → 2) 24   42

12와 21의 공약수 → 3) 12   21

        4   7

$\Downarrow$

24와 42의 최대공약수: $2 \times 3 = 6$

10 □ 안에 알맞은 수를 써넣어 25와 45의 최대공약수를 구하시오.

$\square$) 25   45

    5   $\square$

최대공약수: _____

11 두 수의 최대공약수를 구하시오.

40   72

( )

12 주어진 두 건축물의 높이인 324와 48의 최대공약수를 구하시오.

▲ 높이: 324 m

▲ 높이: 48 m

( )

 해결의 창

두 수가 서로 배수와 약수의 관계일 때 작은 수는 두 수의 최대공약수가 됩니다.

예 (5, 20) ⇨ 5는 20의 약수, 20은 5의 배수

따라서 (5, 20)의 최대공약수는 5입니다.

2

약수와 배수

개념 **7** 공배수와 최소공배수를 구해 볼까요

개념 동영상

공배수: 두 수의 공통인 배수
최소공배수: 두 수의 공배수 중에서 가장 작은 수

예 12와 18의 공배수 구하기

| 12의 배수 | 12 | 24 | �

36 | 48 | 60 | ㉘72 | …… |
| 18의 배수 | 18 | ㉘36 | 54 | ㉘72 | 90 | ㉘108 | …… |

⇨ 12와 18의 공배수: 36, 72, 108……
12와 18의 최소공배수: 36

• 공배수 중에서 가장 작은 수가 최소공배수입니다.

• 최소공배수를 찾아 그 배수를 구하면 공배수입니다.
예 12와 18의 최소공배수: 36 ⇨ 36의 배수는 36, 72, 108……
따라서 12와 18의 공배수: 36, 72, 108……

• 공배수는 무수히 많습니다.

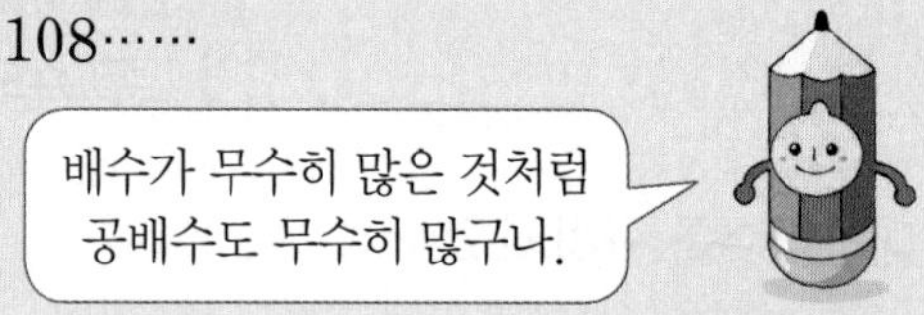

배수가 무수히 많은 것처럼 공배수도 무수히 많구나.

개념 체크

❶ 두 수의 공통인 배수를 (공배수 , 최소공배수)라고 합니다.

❷ 두 수의 공배수 중에서 가장 (작은 , 큰) 수를 두 수의 최소공배수라고 합니다.

개념 체크 정답 ❶ 공배수에 ○표 ❷ 작은에 ○표

• 정답은 11쪽

기본 문제　　　　　　　　**쌍둥이 문제**

1-1 2와 3의 공배수를 작은 수부터 2개 쓰시오.

> 2의 배수: 2, 4, 6, 8, 10, 12, 14……
> 3의 배수: 3, 6, 9, 12, 15, 18……

(□ , □)

(힌트) 공배수는 두 수의 공통인 배수입니다.

1-2 3과 6의 공배수를 작은 수부터 2개 쓰시오.

> 3의 배수: 3, 6, 9, 12, 15……
> 6의 배수: 6, 12, 18, 24……

(□ , □)

2-1 6과 8의 최소공배수를 구하려고 합니다. 물음에 답하시오.

(1) 6과 8의 배수를 구하시오.

6의 배수	
8의 배수	

(2) 위 (1)에서 6과 8의 공배수를 모두 찾아 ○표 하시오.

(3) 6과 8의 최소공배수를 구하시오.

(　　　　　)

(힌트) 두 수의 공배수를 구하고 그중 가장 작은 수를 찾습니다.

2-2 9와 12의 최소공배수를 구하려고 합니다. 물음에 답하시오.

(1) 9와 12의 배수를 구하시오.

9의 배수	
12의 배수	

(2) 위 (1)에서 9와 12의 공배수를 모두 찾아 ○표 하시오.

(3) 9와 12의 최소공배수를 구하시오.

(　　　　　)

3-1 최소공배수가 9인 두 수의 공배수를 3개 쓰시오.

(　　　　　)

(힌트) 두 수의 공배수는 최소공배수의 배수입니다.

3-2 최소공배수가 10인 두 수의 공배수를 3개 쓰시오.

(　　　　　)

2 약수와 배수

개념 8 최소공배수를 구하는 방법을 알아볼까요 (1)

개념 동영상

- 두 수의 곱으로 나타낸 곱셈식을 이용하여 최소공배수 구하기

  예) 12와 20의 최소공배수 구하기

  1 두 수의 곱으로 나타내기

12=1×12	20=1×20
12=2×6	20=2×10
12=3×4	20=4×5

  2 두 수의 최대공약수 구하기

  공약수: 1, 2, 4

  ⇨ 최대공약수: 4

  3 최소공배수 구하기

  12=3×4   20=4×5

  12와 20의 최소공배수 ⇨ 4×3×5=60

  최대공약수는 한 번만   나머지 수들을 모두 곱하기

- 여러 수의 곱으로 나타낸 곱셈식을 이용하여 최소공배수 구하기

  예) 12와 20의 최소공배수 구하기

  12=2×2×3   20=2×2×5

  ⇨ 12와 20의 최소공배수:
  2×2×3×5=60

  수가 클 때에는 여러 수의 곱으로 나타내어 최소공배수를 구하도록 하자.

개념 체크

❶ 두 수의 최소공배수를 구할 때는 각각의 수를 (곱셈식 , 나눗셈식) 으로 나타냅니다.

❷ 두 수의 곱으로 나타낸 곱셈식에 공통으로 들어 있는 가장 (큰 , 작은) 수를 찾아 그 수에 나머지 수들을 곱하면 됩니다.

1-1 8과 12를 두 수의 곱으로 나타낸 곱셈식을 보고 물음에 답하시오.

$$8=1\times 8 \qquad 8=2\times 4$$
$$12=1\times 12 \quad 12=2\times 6 \quad 12=3\times 4$$

(1) 8과 12의 최소공배수를 구하기 위한 두 수의 곱셈식을 쓰시오.

$$8=2\times \boxed{}$$
$$12=\boxed{}\times \boxed{}$$

(2) 8과 12의 최소공배수를 구하시오.

(   )

힌트   8과 12의 최대공약수가 들어 있는 곱셈식을 이용합니다.

교과서 유형

2-1 6과 9의 최소공배수를 구하려고 합니다. □ 안에 알맞은 수를 써넣으시오.

$$6=2\times 3$$
$$9=3\times \boxed{}$$

최소공배수: $3\times \boxed{}\times \boxed{}=\boxed{}$

힌트   두 수를 곱으로 나타낸 식에서 공통인 수는 3입니다.

3-1 두 수의 최소공배수를 구하시오.

| 10   12 |

(   )

힌트   두 수를 곱셈식으로 나타내었을 때 공통으로 들어 있는 가장 큰 수와 나머지 수들의 곱을 구합니다.

1-2 9와 15를 두 수의 곱으로 나타낸 곱셈식을 보고 물음에 답하시오.

$$9=1\times 9 \qquad 9=3\times 3$$
$$15=1\times 15 \qquad 15=3\times 5$$

(1) 9와 15의 최소공배수를 구하기 위한 두 수의 곱셈식을 쓰시오.

$$9=3\times \boxed{}$$
$$15=\boxed{}\times \boxed{}$$

(2) 9와 15의 최소공배수를 구하시오.

(   )

2-2 16과 24의 최소공배수를 구하려고 합니다. □ 안에 알맞은 수를 써넣으시오.

$$16=2\times 2\times 2\times 2$$
$$24=2\times 2\times 2\times \boxed{}$$

최소공배수: $2\times 2\times 2\times \boxed{}\times \boxed{}=\boxed{}$

3-2 두 수의 최소공배수를 구하시오.

| 12   18 |

(   )

2

약수와 배수

개념 9 최소공배수를 구하는 방법을 알아볼까요 (2)

개념 동영상

개념 체크

• 두 수의 공약수를 이용하여 최소공배수 구하기
① 1 이외의 공약수로 두 수를 나누고 각각의 몫을 밑에 씁니다.
② 1 이외의 공약수가 없을 때까지 나눗셈을 계속합니다.
③ 나눈 공약수와 밑에 남은 몫을 모두 곱하면 처음 두 수의 최소공배수입니다.

• 12와 15를 공통으로 나눌 수 있는 가장 큰 수로 나누어 구하기

$$3 \overline{)\ 12 \quad 15\ }$$
$$\quad\ 4 \quad 5$$

12와 15의 최소공배수: $3 \times 4 \times 5 = 60$

• 30과 40의 공약수로 나누어 구하기

$$2 \overline{)\ 30 \quad 40\ }$$
$$5 \overline{)\ 15 \quad 20\ }$$
$$\quad\ 3 \quad 4$$

30과 40의 최소공배수: $2 \times 5 \times 3 \times 4 = 120$

❶ 최소공배수를 구하려면 두 수의 (공약수, 공배수)로 두 수를 나누어야 합니다.

❷ 더 이상 나눌 수 없을 때까지 두 수를 공약수로 나누어 공약수들과 밑에 남은 몫을 모두 곱하면

[   ] 입니다.

나머지 상자에는 무엇이 들어 있나요?

분명 애견 간식일 거야!

그러기에는 상자가 너무 커 보이는데?

애견 간식으로 이 상자를 다 채우려면~

30과 50의 최소공배수만큼은 되어야 겠어!

$$2 \overline{)\ 30 \quad 50\ }$$
$$5 \overline{)\ 15 \quad 25\ }$$
$$\quad\ 3 \quad 5$$

30과 50의 최소공배수
$\Rightarrow 2 \times 5 \times 3 \times 5 = 150$

국어 성적도 떨어졌더라.

히잉~ 국어 참고서일 줄이야~

사라져야지~

어딜 가? 네 것도 함께 주문했다!!

흐잉~! 내 것은 필요 없는데~

재인는 수학 5

똥파리맨 옷을 입고 잔디와 밖에서 놀다 올게요~

그래!

개념 체크 정답 ❶ 공약수에 ○표 ❷ 최소공배수

교과서 유형

1-1 □ 안에 알맞은 수를 써넣어 14와 21의 최소공배수를 구하시오.

$$\boxed{})\ \underline{14\quad 21}$$
$$2\quad \boxed{}$$

최소공배수: $\boxed{}\times\boxed{}\times\boxed{}=\boxed{}$

힌트 14와 21의 최대공약수에 밑에 남은 몫을 모두 곱합니다.

1-2 □ 안에 알맞은 수를 써넣어 4와 14의 최소공배수를 구하시오.

$$\boxed{})\ \underline{4\quad 14}$$
$$2\quad \boxed{}$$

최소공배수: $\boxed{}\times\boxed{}\times\boxed{}=\boxed{}$

익힘책 유형

2-1 두 수의 공약수를 이용하여 나누고 최소공배수를 구하시오.

(1)
```
 ) 15  45
```

최소공배수: _____

(2)
```
 ) 12  16
```

최소공배수: _____

힌트 두 수의 공약수가 없을 때까지 나눗셈을 계속 합니다.

2-2 두 수의 공약수를 이용하여 나누고 최소공배수를 구하시오.

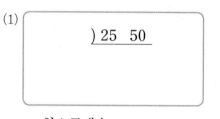

(1)
```
 ) 25  50
```

최소공배수: _____

(2)
```
 ) 20  30
```

최소공배수: _____

3-1 빨간 전구는 3초마다, 파란 전구는 5초마다 켜집니다. 두 색깔의 전구가 동시에 켜진 다음 다시 동시에 켜지려면 몇 초 후가 됩니까?

(　　　　　　　　　)

힌트 빨간 전구와 파란 전구가 켜지는 시간의 최소공배수를 찾습니다.

3-2 지윤이는 4일마다, 소정이는 6일마다 도서관에 갑니다. 오늘 두 사람이 도서관에서 만난 다음으로 다시 도서관에서 만나려면 며칠 후가 됩니까?

(　　　　　　　　　)

2

약수와 배수

개념 7 공배수와 최소공배수를 구해 볼까요

공배수: 두 수의 공통인 배수

최소공배수: 두 수의 공배수 중에서 가장 작은 수

(두 수의 공배수)＝(두 수의 최소공배수의 배수)

01 다음을 보고 2와 3의 공배수를 3개 쓰시오.

> 2의 배수: 2, 4, 6, 8, 10, 12, 14, 16, 18
> 3의 배수: 3, 6, 9, 12, 15, 18, 21, 24, 27

( )

02 12와 6의 공배수를 작은 수부터 3개 쓰고, 최소공배수를 구하시오.

공배수 ( )

최소공배수 ( )

03 두 수의 최소공배수가 30보다 큰 것은 어느 것입니까? ····································( )

① 6, 9 ② 4, 10

③ 8, 12 ④ 5, 8

⑤ 9, 27

04 어떤 두 수의 공배수를 수 배열표에 작은 수부터 색칠하였습니다. 두 수의 최소공배수를 구하시오.

1	2	3	4	5	6	7	8	9	10
11	12	13	14	15	16	17	18	19	20
21	22	23	24	25	26	27	28	29	30
31	32	33	34	35	36	37	38	39	40
41	42	43	44	45	46	47	48	49	50

( )

05 다음을 보고 5와 4의 '공배수'와 '최소공배수의 배수'의 관계를 설명하시오.

> • 5와 4의 공배수: 20, 40, 60……
> • 5와 4의 최소공배수: 20
> • 최소공배수 20의 배수: 20, 40, 60……

설명

_____

_____

익힘책 **유형**

06 100까지의 수 중에서 8의 배수이면서 20의 배수인 수를 모두 쓰시오.

( )

• 정답은 12쪽

개념 8 최소공배수를 구하는 방법을 알아볼까요 (1)

두 수를 각각 곱으로 나타내어 구하기

$$18 = 2 \times 3 \times 3 \qquad 30 = 2 \times 3 \times 5$$

18과 30의 최소공배수 ➡ $2 \times 3 \times 3 \times 5 = 90$

교과서 유형

07 8과 10의 최소공배수를 구하기 위한 두 수의 곱셈식을 쓰고, 두 수의 최소공배수를 구하시오.

$$\begin{array}{l} 8 = 2 \times \boxed{} \\ 10 = \boxed{} \times \boxed{} \end{array}$$

최소공배수: $\boxed{} \times \boxed{} \times \boxed{} = \boxed{}$

08 22와 33의 최소공배수를 구하시오.

(   )

09 빈칸에 두 수의 최소공배수를 써넣으시오.

18	
27	

개념 9 최소공배수를 구하는 방법을 알아볼까요 (2)

두 수의 공약수로 나누어 구하기

$$\begin{array}{r} 3\,)\,\underline{30\quad 45} \\ 5\,)\,\underline{10\quad 15} \\ 2\quad 3 \end{array}$$

30과 45의 최소공배수: $3 \times 5 \times 2 \times 3 = 90$

익힘책 유형

10 12와 15의 최소공배수를 구하려고 합니다. □ 안에 알맞은 수를 써넣으시오.

$$\begin{array}{r} 3\,)\,\underline{12\quad 15} \\ 4\quad 5 \end{array}$$

최소공배수: $\boxed{} \times \boxed{} \times \boxed{} = \boxed{}$

11 최소공배수가 더 큰 쪽에 색칠하시오.

| 14와 42 | | 40과 16 |

12 두 수 ㉠, ㉡의 최소공배수를 구하시오.

㉠ 6과 4의 곱
㉡ 30에 가장 가까운 8의 배수

(   )

해결의 창 최대공약수와 최소공배수 구하는 방법

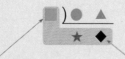

●와 ▲의 최대공약수: ■   ●와 ▲의 최소공배수: ■ × ★ × ◆

2
약수와 배수

점수

01 식을 보고 □ 안에 '약수' 또는 '배수'를 알맞게 써넣으시오.

$$12=1\times12 \quad 12=2\times6 \quad 12=3\times4$$

1, 2, 3, 4, 6, 12는 12의 □ 이고

12는 1, 2, 3, 4, 6, 12의 □ 입니다.

02 40의 약수가 <u>아닌</u> 것은 어느 것입니까? ( )

① 4   ② 5   ③ 8

④ 10   ⑤ 25

03 8의 배수를 4개 쓰시오.

□ , □ , □ , □

04 수 배열표에서 3의 배수에는 ○표, 4의 배수에는 △표 하시오.

14	15	16	17	18	19
20	21	22	23	24	25
26	27	28	29	30	31

05 28과 42의 공약수가 쓰여 있는 열기구를 모두 찾아 바구니에 색칠하시오.

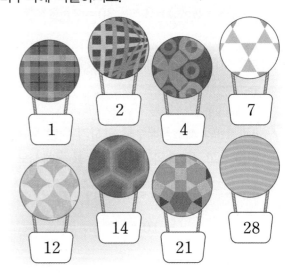

06 약수와 배수의 관계인 것에 ○표 하시오.

9	21		4	44

( )   ( )

07 곱셈식을 보고 54와 81의 최대공약수와 최소공배수를 각각 구하시오.

$$54=2\times3\times3\times3$$
$$81=3\times3\times3\times3$$

최대공약수 ( )

최소공배수 ( )

• 정답은 13쪽

[08~09] 36과 24의 **최대공약수와 최소공배수를**
구하려고 합니다. 물음에 답하시오.

08 공약수를 이용하여 나누어 보시오.

2) 36 24
　　　18

09 최대공약수와 최소공배수를 각각 구하시오.

최대공약수 (　　　　　　　　)

최소공배수 (　　　　　　　　)

10 두 수의 최대공약수를 구하시오.

25　　55

(　　　　　　　　)

11 18은 36의 약수입니다. 그 이유를 쓰시오.

이유 _____

_____

12 어떤 두 수의 최소공배수는 15입니다. 이 두 수의
공배수가 <u>아닌</u> 수는 어느 것입니까?····(　　　　)

① 15　　　② 30　　　③ 45

④ 70　　　⑤ 105

13 약수의 개수가 더 많은 수에 ○표 하시오.

27	16
(　　)	(　　)

14 왼쪽 수와 오른쪽 수가 약수와 배수의 관계인 것을
모두 찾아 선으로 이으시오.

15 다음 관계를 나타내는 식을 쓰시오.

5는 45의 약수입니다.
45는 5의 배수입니다.

식 _____

16 □ 안에는 '약수' 또는 '배수'가 들어갑니다. 들어가야 할 말이 <u>다른</u> 한 사람을 찾아 이름을 쓰시오.

9는 81의 □입니다. 은수

□에는 1이 항상 포함됩니다. 준수

12는 2의 □입니다. 지호

8의 □는 1, 2, 4, 8 입니다. 승규

( )

17 어떤 두 수의 최대공약수가 32일 때 이 두 수의 공약수를 모두 구하시오.

( )

18 지우개 16개, 연필 20자루를 최대한 많은 사람에게 남김없이 똑같이 나누어 주려고 합니다. 최대 몇 명에게 나누어 줄 수 있습니까?

( )

19 어떤 수의 배수를 가장 작은 수부터 쓴 것입니다. ❷13번째 수를 구하시오.

❶5, 10, 15, 20……

( )

해결의 법칙

❶ 어떤 수의 배수인지 알아봅니다.

❷ 가장 작은 수에 13을 곱하여 13번째 수를 구합니다.

20 버스의 배차 간격을 알면 다음 버스가 언제 도착하는지 알 수 있습니다.❷ 천재 버스와 해법 버스가 9시에 같은 정류장에 도착했다면 다음으로 두 버스가 이 정류장에 동시에 도착하는 것은 몇 시 몇 분입니까?

( )

해결의 법칙

❶ 두 버스가 몇 분마다 동시에 도착하는지 구합니다.

❷ 9시에 두 버스가 동시에 도착하는 데 걸리는 시간을 더합니다.

1 2, 3, 5, 7은 약수가 1과 자기 자신밖에 없는 수입니다. 10부터 30까지의 자연수 중에서 이와 같은 수를 모두 쓰시오.

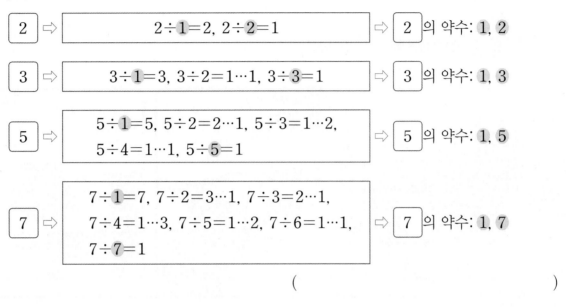

(   )

2 다음은 도깨비 마을에 있는 문입니다. 1시가 되면 문이 모두 닫히고, 2시가 되면 번호가 2의 배수인 문이 열립니다. 3시가 되면 번호가 3의 배수인 문이 열려 있으면 닫히고 닫혀 있으면 열립니다. 마찬가지로 4시가 되면 번호가 4의 배수인 문이 열리거나 닫힙니다. 5시가 될 때까지 이처럼 문이 열리고 닫힌다면 5시가 지났을 때 5개의 문 중 열려 있는 문은 몇 개입니까?

(   )

2 약수와 배수

3 규칙과 대응

제3화 푸드 파이터를 이긴 잔디

상자의 수	도넛의 수
1	4
2	8
5	20
10	40

이미 배운 내용	이번에 배울 내용	앞으로 배울 내용

이미 배운 내용

[2-2 규칙 찾기]
• 규칙에 따라 배열하기

[4-1 규칙 찾기]
• 도형이나 변화하는 모양에서 규칙 찾기

이번에 배울 내용

• 두 양 사이의 대응 관계 알아보기

• 대응 관계를 □, △ 등을 사용하여 식으로 나타내기

앞으로 배울 내용

[6-1 비와 비율]
• 두 양 사이의 관계를 비로 나타내기

개념 1 두 양 사이의 관계를 알아볼까요

개념 체크

• 두발자전거의 수와 바퀴의 수 사이의 대응 관계

| 두발자전거 1대 | 두발자전거 2대 | 두발자전거 3대 | 두발자전거 4대 |
| 바퀴 2개 | 바퀴 4개 | 바퀴 6개 | 바퀴 8개 |

1 두발자전거가 4대이면 바퀴는 ☐ 개입니다.

① 대응 관계를 표로 만들기

두발자전거의 수(대)	1	2	3	4
바퀴의 수(개)	2	4	6	8

×2

2 두발자전거의 수가 1씩 늘어날 때마다 바퀴의 수는 ☐ 씩 늘어납니다.

② 대응 관계를 말로 설명하기

바퀴의 수는 두발자전거의 수의 2배입니다.

바퀴의 수를 2로 나누면 두발자전거의 수입니다.

└ 두발자전거의 수는 바퀴의 수를 2로 나눈 몫입니다.

두발자전거의 수가 1씩 늘어날 때마다 바퀴의 수는 2씩 늘어납니다.

3 바퀴의 수는 두발자전거의 수의 ☐ 배입니다.

미안해. 잔디야~

미안하면 맛있는 것을 사 주면 돼.

자전거 8대가 있으면 바퀴는 모두 몇 개일까? 맞히면 사 줄게~

그거야 쉽지~

자전거 1대에 바퀴가 2개씩 달려 있으니까~

자전거가 1대씩 늘어날 때 바퀴의 수는 2개씩 늘어나므로 바퀴는 모두 16개야.

틀렸어!

뭐라구?

세발자전거의 바퀴 수를 말한 거였어~.

윽~ 치사해서 안 먹을 거야!

개념 체크 정답 1 8 2 2 3 2

[1-1~3-1] 바퀴가 4개인 자동차의 수와 바퀴의 수 사이에는 어떤 대응 관계가 있는지 알아보시오.

1-1 ☐ 안에 알맞은 수를 써넣으시오.

(1) 자동차가 1대 있으면 바퀴는 ☐ 개 있습니다.

(2) 자동차가 2대 있으면 바퀴는 ☐ 개 있고, 자동차가 3대 있으면 바퀴는 ☐ 개 있습니다.

> 힌트   그림에서 자동차가 1대일 때, 2대일 때, 3대일 때 바퀴는 몇 개인지 세어 봅니다.

[1-2~3-2] 철봉 대의 수와 철봉 기둥의 수 사이에는 어떤 대응 관계가 있는지 알아보시오.

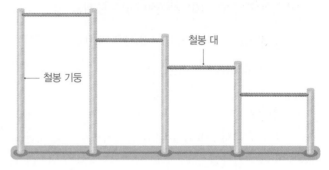

1-2 ☐ 안에 알맞은 수를 써넣으시오.

철봉 대가 2개이면 철봉 기둥은 ☐ 개이고, 철봉 대가 3개이면 철봉 기둥은 ☐ 개입니다.

2-1 자동차의 수와 바퀴의 수 사이의 대응 관계를 알고 표를 완성하시오.

자동차의 수(대)	1	2	3	4
바퀴의 수(개)	4			

> 힌트   그림에서 자동차의 수와 바퀴의 수를 세어 봅니다.

2-2 철봉 대의 수와 철봉 기둥의 수 사이의 대응 관계를 알고 표를 완성하시오.

철봉 대의 수(개)	1	2	3	4
철봉 기둥의 수(개)	2			

교과서 유형

3-1 자동차의 수와 바퀴의 수 사이의 대응 관계로 알맞은 수에 ○표 하시오.

자동차의 수가 1씩 늘어날 때마다 바퀴의 수는 (2 , 4)씩 늘어납니다.

> 힌트   2-1의 표를 보고 자동차의 수와 바퀴의 수 사이의 대응 관계를 알아봅니다.

3-2 철봉 대의 수와 철봉 기둥의 수 사이의 대응 관계로 알맞은 말에 ○표 하시오.

철봉 기둥의 수는 철봉 대의 수보다 1 (작습니다 , 큽니다).

3
규칙과 대응

개념 **2** 대응 관계를 식으로 나타내는 방법을 알아볼까요

개념 동영상

• 연도와 진주의 나이 사이의 대응 관계를 식으로 나타내기

연도	2018	2019	2020	2021	2022
진주의 나이(살)	12	13	14	15	16

-2006

규칙

각 연도에서 2006을 뺀 수가 진주의 나이입니다.

(연도) $-2006=$ (진주의 나이)

또는

(진주의 나이) $+2006=$ (연도)

$\Rightarrow$

식

연도를 $\square$, 진주의 나이를 $\triangle$ 라 할 때 $\square$ 와 $\triangle$ 사이의 대응 관계를 식으로 나타내면

$\square - 2006 = \triangle$

또는 $\triangle + 2006 = \square$

규칙을 찾아 식으로 나타내면 원하는 값을 쉽게 계산할 수 있어.

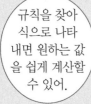 

$- 2006 =$

2010년에 진주는 4살 이었구나.

연도 **진주의 나이**

개념 체크

❶ 연도와 진주의 나이 사이의 대응 관계를 식으로 나타낼 때에는 덧셈식과 뺄셈식 두 가지 방법으로 나타낼 수 있습니다.
················(○ , ×)

❷ 왼쪽 식 $\triangle + 2006 = \square$ 에서 $\triangle$ 가 18이면 $\square =$ ☐ 이므로 진주가 18살($\triangle$)일 때의 연도($\square$)는 ☐ 년입니다.

이그~ 내가 사 줄게~

큼큼…… 그러던지~.

분식집의 탁자가 모두 6개네.

표를 이용하여 대응 관계를 식으로 나타내면 (탁자 수) $\times 4$ $=$ (탁자의 다리 수) 야.

탁자 수	탁자의 다리 수
1	4
2	8
3	12
4	16
5	20
6	24

우아~ 정말 맛있다!

개가 떡볶이를 잘 먹네.

개와 인간은 똑같은 잡식성 동물이잖아요.

엄마얏~ 개가 말을 하네.

아줌마 사실은요.

개념 체크 정답 ❶ ○에 ○표 ❷ 2024, 2024

[1-1~2-1] 종이의 수와 누름 못의 수 사이에는 어떤 대응 관계가 있는지 알아보시오.

누름 못

1-1 종이의 수와 누름 못의 수 사이의 대응 관계를 알아보고 표를 완성하시오.

종이의 수(장)	1	2	3	4
누름 못의 수(개)	2			

힌트 그림에서 종이의 수와 누름 못의 수를 세어 표의 빈칸을 채웁니다.

2-1 종이의 수를 □, 누름 못의 수를 △라 할 때 □와 △ 사이의 대응 관계를 바르게 나타낸 식에 ○표 하시오.

$$□+1=△ \ , \ □-1=△$$

힌트 종이의 수와 누름 못의 수 사이의 규칙을 찾아봅니다.

익힘책 유형

3-1 ◇와 ○ 사이의 규칙을 찾아 대응 관계를 식으로 나타내려고 합니다. □ 안에 알맞은 수를 써넣으시오.

◇	3	4	5	6
○	9	10	11	12

규칙 ◇에 □을(를) 더하면 ○입니다.

식 ◇+□=○ 또는 ○−□=◇

힌트 ◇와 ○ 사이의 규칙을 찾아봅니다.

[1-2~2-2] 정삼각형의 수와 면봉의 수 사이에는 어떤 대응 관계가 있는지 알아보시오.

......

1-2 정삼각형의 수와 면봉의 수 사이의 대응 관계를 알아보고 표를 완성하시오.

정삼각형의 수(개)	1	2	3	4
면봉의 수(개)	3			

2-2 정삼각형의 수를 □, 면봉의 수를 △라 할 때 □와 △ 사이의 대응 관계를 바르게 나타낸 식에 ○표 하시오.

$$□×3=△ \ , \ □÷3=△$$

3-2 ♡와 ○ 사이의 규칙을 찾아 대응 관계를 식으로 나타내려고 합니다. □ 안에 알맞은 수를 써넣으시오.

♡	1	2	3	4
○	5	10	15	20

규칙 ♡에 □을(를) 곱하면 ○입니다.

식 ♡×□=○ 또는 ○÷□=♡

3

규칙과 대응

개념 3 생활 속에서 대응 관계를 찾아 식으로 나타내어 볼까요
개념 동영상

• 영화관에서 대응 관계를 찾아 식으로 나타내기

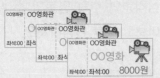

서로 관계가 있는 두 양 찾아 기호로 나타내기	대응 관계를 식으로 나타내기
영화관 의자의 수(○)와 팔걸이의 수(△)	○＋1＝△ ○＝△－1
팝콘의 수(□)와 음료의 수(☆)	□×2＝☆ □＝☆÷2
영화표의 수(◇)와 낸 돈(♧)	◇×8000＝♧ ◇＝♧÷8000
음료의 수(♡)와 설탕의 양(♣)	♡×40＝♣ ♡＝♣÷40

개념 체크

① 왼쪽 그림에서 팔걸이의 수는 의자 수보다 ☐ 큽니다.

② 왼쪽 그림에서 팝콘이 5개이면 음료는 ☐ 개입니다.

③ 왼쪽 그림에서 표 값으로 40000원을 냈다면 영화표는 ☐ 장 산 것입니다.

오빠와 동생이 튀김을 좋아해서 포장했어.

동생이 몇 살이었지?

동생은 나보다 2살 어리니까 (동생 나이)＝(내 나이)－2야.

응~ 그렇군!

그럼 오빠와 너의 나이의 대응 관계는 오빠가 너보다 4살 더 많으니까 (네 나이)＋4＝(오빠 나이) 겠네.

그래, 맞아!

어서 집에 가자!

아빠~ 다녀왔어요.

오~ 그래. 기다렸다.

잔디랑 너희랑 갈 곳이 있으니 함께 어디 좀 가자!

맛있는 거 사 주려고 그러나 봐.

너희는 늘 먹을 생각 뿐이지~

개념 체크 정답 ① 1 ② 10 ③ 5

1-1 다음을 보고 아영이의 나이와 언니 나이 사이의 대응 관계를 알아보시오.

나는 언니보다 4살 어려.

아영

(1) 아영이의 나이와 언니 나이 사이의 대응 관계를 말해 보시오.

_____

_____

(2) 아영이의 나이를 △, 언니 나이를 ☺라고 할 때, 대응 관계를 식으로 나타내시오.

(   )

힌트 아영이의 나이와 언니 나이 사이의 규칙을 찾아봅니다.

1-2 다음을 보고 승규의 나이와 동생 나이 사이의 대응 관계를 알아보시오.

나는 동생보다 5살 많아.

승규

(1) 승규의 나이와 동생 나이 사이의 대응 관계를 말해 보시오.

_____

_____

(2) 승규의 나이를 ◇, 동생 나이를 ○라고 할 때, 대응 관계를 식으로 나타내시오.

(   )

익힘책 유형

2-1 슬기는 색도화지로 게시판에 붙일 꽃을 만들었습니다. 꽃을 만들기 위해 사용한 색도화지의 수와 만든 꽃의 수 사이의 대응 관계를 알아보시오.

색도화지의 수(장)	4	8	㉠	14	18	……
꽃의 수(개)	2	4	5	7	㉡	……

(1) 표를 보고 ㉠과 ㉡에 알맞은 수를 구하시오.

㉠ (   ), ㉡ (   )

(2) 색도화지의 수와 만든 꽃의 수 사이의 대응 관계를 식으로 나타내시오.

(   )

힌트 사용된 색도화지가 4장일 때 꽃은 2개, 색도화지가 8장일 때 꽃은 4개입니다.

2-2 가람이는 책꽂이 한 칸에 책을 8권씩 꽂으려고 합니다. 책꽂이에 꽂을 책의 수와 필요한 책꽂이 칸의 수 사이의 대응 관계를 알아보시오.

책의 수(권)	8	40	72	㉡	48	……
책꽂이 칸의 수(개)	1	㉠	9	3	6	……

(1) 표를 보고 ㉠과 ㉡에 알맞은 수를 구하시오.

㉠ (   ), ㉡ (   )

(2) 책의 수와 책꽂이 칸의 수 사이의 대응 관계를 식으로 나타내시오.

(   )

개념 1 두 양 사이의 관계를 알아볼까요

• 오리의 수가 1씩 늘어날 때마다 오리 다리의 수는 2씩 늘어납니다.
• 오리가 5마리일 때 다리의 수는 10개입니다.

[01~04] 수민이가 가래떡을 점선을 따라 썰려고 합니다. 가래떡을 썬 횟수와 가래떡 조각의 수 사이에는 어떤 대응 관계가 있는지 알아보려고 합니다. 물음에 답하시오.

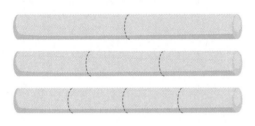

01 가래떡을 한 번 썰면 가래떡은 몇 조각이 됩니까?

( )

익힘책 **유형**

02 가래떡이 4조각이 되려면 가래떡을 몇 번 썰어야 합니까?

( )

교과서 **유형**

03 표를 완성하시오.

가래떡을 썬 횟수(회)	1	2	3	4	5
가래떡 조각의 수(조각)	2	3			

04 가래떡을 썬 횟수와 가래떡 조각의 수 사이의 대응 관계를 바르게 설명한 사람의 이름을 쓰시오.

수민: 가래떡 조각의 수는 가래떡을 썬 횟수보다 1 커.
진경: 아니야. 가래떡 조각의 수는 가래떡을 썬 횟수보다 1 작아.

( )

개념 2 대응 관계를 식으로 나타내는 방법을 알아볼까요

□	1	2	3	4	5
△	2	4	6	8	10

×2

⇨ □×2=△ 또는 △÷2=□

[05~06] ♡와 ○ 사이의 대응 관계를 식으로 나타내려고 합니다. 표를 보고 □ 안에 알맞은 수를 써넣으시오.

♡	1	2	3	4	5
○	3	4	5	6	7

05 ○는 ♡보다 □ 큽니다.

식   ♡+□=○

06 ♡는 ○보다 □ 작습니다.

식   ○-□=♡

• 정답은 16쪽

[07~09] 탁자의 수와 의자의 수 사이에는 어떤 대응 관계가 있는지 알아보려고 합니다. 물음에 답하시오.

07 탁자의 수와 의자의 수 사이의 대응 관계를 표를 이용하여 알아보시오.

탁자의 수(개)	1	2		4	5
의자의 수(개)	4	8	12		

08 탁자의 수와 의자의 수 사이에 어떤 대응 관계가 있는지 말해 보시오.

의자의 수는 탁자 수의 _____

09 탁자의 수를 ○, 의자의 수를 △라고 할 때, 두 양 사이의 관계를 식으로 나타내시오.

( )

개념 3 생활 속에서 대응 관계를 찾아 식으로 나타내어 볼까요

• 서로 관계가 있는 두 양: 개미의 수와 다리의 수
• 식으로 나타내기 ⇨ (개미의 수)×6=(다리의 수)

[10~12] 막대 사탕이 나오는 자동판매기가 있습니다. 물음에 답하시오.

500원 짜리 동전 1개를 넣으면 막대 사탕이 3개 나와.

10 동전의 수와 사탕의 수 사이의 대응 관계를 설명한 것입니다. 알맞은 말에 ○표 하시오.

사탕의 수는 동전의 수에 3을 (곱하면 , 나누면) 됩니다.

11 표를 완성하시오.

동전의 수(개)	1	2	3	4
사탕의 수(개)	3	6		

익힘책 유형
12 동전의 수를 □, 사탕의 수를 △라 할 때 □와 △ 사이의 대응 관계를 □와 △를 사용한 식으로 나타내시오.

( )

 대응 관계는 한 양이 변할 때 다른 양이 일정하게 변하는 관계입니다.

대응 관계인 것

○	1	2	3	4
△	2	4	6	8

⇨ △는 ○의 2배이므로 △와 ○는 대응 관계입니다.

대응 관계가 아닌 것

□	1	2	3	4
☆	5	7	10	14

⇨ ☆는 □에 따라 일정하게 변하지 않으므로 □와 ☆는 대응 관계가 아닙니다.

[01~04] 색 테이프를 그림과 같이 겹치게 이어 붙이고 있습니다. 물음에 답하시오.

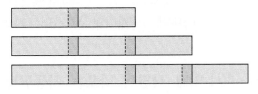

01 □ 안에 알맞은 수를 써넣으시오.

색 테이프를 3장 이어 붙이면 겹쳐진 부분은

□군데, 색 테이프를 4장 이어 붙이면 겹쳐진

부분은 □군데입니다.

02 이어 붙인 색 테이프의 수와 겹쳐진 부분의 수 사이의 대응 관계를 알고 표를 완성하시오.

색 테이프의 수(장)	2	3	4	5
겹쳐진 부분의 수(군데)	1			

03 이어 붙인 색 테이프의 수와 겹쳐진 부분의 수 사이의 대응 관계를 설명하려고 합니다. □ 안에 알맞은 수를 써넣으시오.

겹쳐진 부분의 수는 이어 붙인 색 테이프의

수보다 □ 작습니다.

04 색 테이프를 10장 이어 붙이면 겹쳐진 부분은 몇 군데입니까?

( )

05 ○와 □ 사이의 대응 관계를 식으로 나타낸 것을 찾아 선으로 이으시오.

○	3	4	5
□	6	7	8

• • $○ \times 2 = □$

○	2	3	4
□	4	6	8

• • $○ + 3 = □$

06 □와 △ 사이의 대응 관계를 나타낸 표입니다. △의 수 중에서 **잘못** 들어간 수에 ○표 하시오.

□	3	4	5	6	7
△	6	8	10	13	14

07 ◇와 ○ 사이의 대응 관계를 나타낸 표입니다. ㉠과 ㉡에 알맞은 수를 구하시오.

◇	12	11	10	9	8	7
○	9	8	㉠	6	5	㉡

㉠ ( )

㉡ ( )

08 대응 관계를 나타낸 식을 보고 식에 알맞은 상황을 만들어 보시오.

$$○ \times 4 = ◇$$

_____

_____

[09~12] 선영이의 나이와 준수의 나이 사이에는 어떤 대응 관계가 있는지 알아보시오.

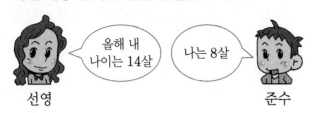

선영   준수

올해 내 나이는 14살

나는 8살

09 선영이가 16살일 때 준수는 몇 살입니까?

( )

10 선영이의 나이와 준수의 나이 사이의 대응 관계를 알고 표를 완성하시오.

선영이의 나이(살)	14	15	16	17	18
준수의 나이(살)	8	9			

11 선영이의 나이를 □, 준수의 나이를 △라 할 때 □와 △ 사이의 대응 관계를 식으로 바르게 나타낸 것에 ○표 하시오.

□+6=△   △+6=□   △-6=□

12 준수가 20살일 때 선영이는 몇 살입니까?

( )

[13~15] 곤충은 몸이 머리, 가슴, 배로 나뉘고 다리가 6개인 동물을 말합니다. 물음에 답하시오.

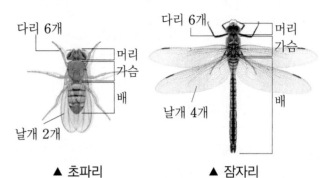

다리 6개   머리   가슴   배   날개 2개

다리 6개   머리   가슴   배   날개 4개

▲ 초파리   ▲ 잠자리

13 초파리의 수와 초파리 다리의 수 사이의 대응 관계를 알고 표를 완성하시오.

초파리의 수(마리)	1	2	3	4	5
초파리 다리의 수(개)	6			24	30

14 잠자리의 수(♣)와 잠자리 날개의 수(♧) 사이의 대응 관계를 ♣와 ♧를 사용한 식으로 나타내려고 합니다. □ 안에 알맞은 수를 써넣으시오.

♣×□=♧ 또는 ♧÷□=♣

15 서우가 채집한 잠자리의 날개의 수를 세어 보니 모두 24개였습니다. 채집통에 들어 있는 잠자리는 모두 몇 마리입니까?

( )

3

규칙과 대응

[16~18] 다음은 카스텔라 1개를 만드는 데 필요한 재료입니다. 달걀의 수와 카스텔라의 수 사이의 대응 관계를 알아보시오.

> 카스텔라 재료
> 밀가루(박력분) 130 g,
> 설탕 110 g, 우유 30 g, 소금 1 g,
> 버터 20 g, 달걀 4개, 럼 15 g

16 달걀의 수와 카스텔라의 수 사이의 대응 관계를 알아보고 표를 완성하시오.

달걀의 수(개)	4		12		20
카스텔라의 수(개)	1	2		4	5

17 달걀의 수와 카스텔라의 수 사이의 대응 관계를 말해 보시오.

_____

_____

18 달걀의 수와 카스텔라의 수 사이의 대응 관계를 □와 ○를 사용한 식으로 나타내시오.

> 달걀의 수를 ○,
> 카스텔라의 수를
> □로 나타내어요.

( )

19 현우가 말하면 유라가 답한 수를 나타낸 표입니다. ②현우가 말한 수(□)와 유라가 답한 수(△) 사이의 대응 관계를 □와 △를 사용한 식으로 나타내시오.

①
현우	5	8	10	3
유라	10	13	15	8

( )

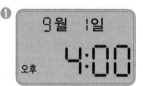

❶ 두 수 사이의 대응 관계를 말로 나타내어 봅니다.

❷ □와 △를 사용한 식으로 나타냅니다.

20 서울과 방콕의 시각을 나타내는 시계입니다. 서울에 사는 수아가 방콕에 출장 가신 아버지께 전화를 하려고 합니다. ②수아가 오후 8시에 전화를 하면 아버지가 전화를 받는 시각은 몇 시입니까?

①

9월 1일 오후 **4:00**   9월 1일 오후 **2:00**

▲ 서울   ▲ 방콕

( )

❶ 서울의 시각과 방콕의 시각 사이의 대응 관계를 알아봅니다.

❷ 서울이 오후 8시일 때 방콕의 시각을 구합니다.

창의·융합 문제

[1 ~ 2] 놀이에 대한 설명을 보고 물음에 답하시오.

●인 ■각 놀이 ── 인(人)은 사람을 뜻하고 각(脚)은 다리를 뜻합니다.

2인 3각 놀이는 2명의 발을 묶어서 3개의 다리를 만들어 달리는 놀이입니다.
여러 명의 발을 묶어 놀이를 할 수도 있습니다.
3명의 발을 묶어 4개의 다리를 만들면 3인 4각 놀이, 4명의 발을 묶어 5개의 다리를 만들면 4인 5각 놀이입니다.

1) 발을 묶는 사람의 수와 다리의 수 사이의 대응 관계를 알고 표를 완성하시오.

사람의 수(명)	2	3	4	5	6	7
다리의 수(개)	3	4				

2) 발을 묶는 사람이 10명이면 놀이의 이름은 몇 인 몇 각입니까?

(   )

3) 정수가 판화를 만드는 과정입니다. 다음과 같이 판화를 할 때 사용하는 물감의 수(◇)와 찍어 내는 판화의 수(☆) 사이의 대응 관계를 ◇와 ☆을 사용한 식으로 나타내시오.

(   )

제4화 약 먹기 전에 확인해야 할 건 뭐?!

이미 배운 내용	이번에 **배울 내용**	앞으로 배울 내용
[4-2 분수의 덧셈과 뺄셈] · 분모가 같은 분수의 크기 비교하기 [5-1 약수와 배수] · 약수와 배수 알아보기	· 크기가 같은 분수 알아보기 · 약분하기, 기약분수로 나타내기 · 통분하기 · 분모가 다른 분수의 크기 비교 · 분수와 소수의 관계 알아보기	[5-1 분수의 덧셈과 뺄셈] · 분수의 덧셈과 뺄셈 [5-2 분수의 곱셈] · 분수의 곱셈

$$\frac{9}{15} = \frac{9 \div 3}{15 \div 3}$$
$$= \frac{3}{5}$$

개념 동영상

개념 1 크기가 같은 분수를 알아볼까요 (1)

• 크기가 같은 분수 알아보기

$\frac{1}{2}$

$\frac{2}{4}$

$\frac{3}{6}$

$$\frac{1}{2}=\frac{2}{4}=\frac{3}{6}$$

$\frac{1}{2}, \frac{2}{4}, \frac{3}{6}$ ……은 크기가 같은 분수입니다.

조각 수는 달라도 우리의 크기는 같아!

참고 크기가 같은 도형에 분수만큼 색칠했을 때 전체에 대하여 색칠한 부분의 크기가 같으면 같은 분수입니다.

개념 체크

❶ 크기가 같은 분수는 그림으로 나타내었을 때 크기가 (같습니다 , 다릅니다).

❷

$\frac{1}{2}$ $\frac{4}{8}$

$\frac{1}{2}$과 $\frac{4}{8}$는 크기가 (같은 , 다른) 분수입니다.

개념 체크 정답 ❶ 같습니다에 ◯표 ❷ 같은에 ◯표

4 약분과 통분

1-1 $\frac{1}{3}$과 $\frac{2}{6}$의 크기를 비교하려고 합니다. 물음에 답하시오.

(1) 두 분수만큼 각각 색칠하시오.

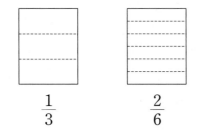

$\frac{1}{3}$　　　　$\frac{2}{6}$

(2) 알맞은 말에 ◯표 하시오.

$\frac{1}{3}$과 $\frac{2}{6}$는 크기가 (같은 , 다른) 분수입니다.

(힌트) 아래에서부터 색칠하면 크기를 비교하기 편리합니다.

1-2 $\frac{1}{4}$과 $\frac{2}{8}$의 크기를 비교하려고 합니다. 물음에 답하시오.

(1) 두 분수만큼 각각 색칠하시오.

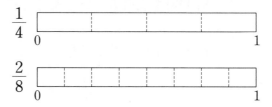

(2) 알맞은 말에 ◯표 하시오.

$\frac{1}{4}$과 $\frac{2}{8}$는 크기가 (같은 , 다른) 분수입니다.

2-1 그림을 보고 크기가 같은 분수를 찾아 ☐ 안에 알맞은 수를 써넣으시오.

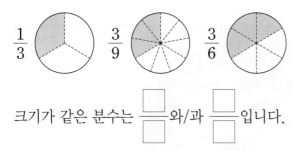

$\frac{1}{3}$　　　$\frac{3}{9}$　　　$\frac{3}{6}$

크기가 같은 분수는 $\frac{☐}{☐}$와/과 $\frac{☐}{☐}$입니다.

(힌트) 전체를 나눈 부분의 수는 다르지만 색칠된 부분의 크기가 같으면 크기가 같은 분수입니다.

2-2 그림을 보고 크기가 같은 분수를 찾아 ☐ 안에 알맞은 수를 써넣으시오.

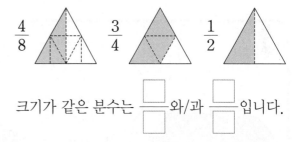

$\frac{4}{8}$　　　$\frac{3}{4}$　　　$\frac{1}{2}$

크기가 같은 분수는 $\frac{☐}{☐}$와/과 $\frac{☐}{☐}$입니다.

교과서 유형

3-1 수직선에서 색칠한 부분과 크기가 같은 분수를 찾아 ◯표 하시오.

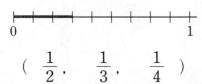

$(\quad \frac{1}{2}, \quad \frac{1}{3}, \quad \frac{1}{4} \quad)$

(힌트) 1을 똑같이 2, 3, 4로 나눈 것 중의 하나를 알아봅니다.

3-2 수직선에서 색칠한 부분과 크기가 같은 분수를 찾아 ◯표 하시오.

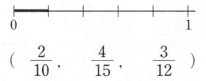

$(\quad \frac{2}{10}, \quad \frac{4}{15}, \quad \frac{3}{12} \quad)$

개념 **2** 크기가 같은 분수를 알아볼까요 (2)

개념 동영상

분모와 분자에 각각 0이 아닌 같은 수를 곱하면 크기가 같은 분수가 됩니다.
분모와 분자를 각각 0이 아닌 같은 수로 나누면 크기가 같은 분수가 됩니다.

(예) $\frac{1}{2}$과 크기가 같은 분수 만들기

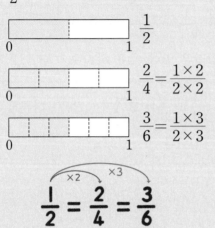

$$\frac{2}{4} = \frac{1 \times 2}{2 \times 2}$$

$$\frac{3}{6} = \frac{1 \times 3}{2 \times 3}$$

우린 0만 아니면 어떤 수를
곱해도 크기가 같지!

(예) $\frac{4}{8}$와 크기가 같은 분수 만들기

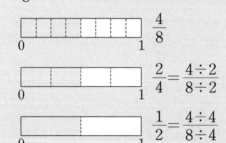

$$\frac{2}{4} = \frac{4 \div 2}{8 \div 2}$$

$$\frac{1}{2} = \frac{4 \div 4}{8 \div 4}$$

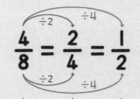

우린 0만 아니면 어떤 수로
나누어도 크기가 같지!

개념 체크

1 분모와 분자에 각각 0이 아닌 같은 수를 곱하면 크기가 같은 분수가 됩니다.
(○ , ×)

2 분모와 분자에서 각각 0이 아닌 같은 수를 빼면 크기가 같은 분수가 됩니다.
(○ , ×)

개념 체크 정답 **1** ○에 표 **2** ×에 ○표

교과서 유형

1-1 그림을 보고 크기가 같은 분수가 되도록 □ 안에 알맞은 수를 써넣으시오.

$$\frac{2}{5} = \frac{2 \times \square}{5 \times \square} = \frac{2 \times \square}{5 \times \square}$$

힌트 분수의 분모와 분자에 각각 0이 아닌 같은 수를 곱하면 크기가 같은 분수가 됩니다.

1-2 그림을 보고 크기가 같은 분수가 되도록 □ 안에 알맞은 수를 써넣으시오.

$$\frac{2}{3} = \frac{2 \times \square}{3 \times \square} = \frac{2 \times \square}{3 \times \square}$$

2-1 수직선을 보고 크기가 같은 분수가 되도록 □ 안에 알맞은 수를 써넣으시오.

$$\frac{4}{16} = \frac{4 \div \square}{16 \div \square} = \frac{4 \div \square}{16 \div \square}$$

힌트 분수의 분모와 분자를 각각 0이 아닌 같은 수로 나누면 크기가 같은 분수가 됩니다.

2-2 그림을 보고 크기가 같은 분수가 되도록 □ 안에 알맞은 수를 써넣으시오.

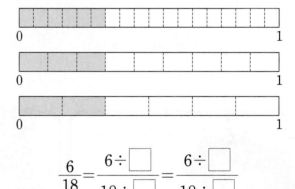

$$\frac{6}{18} = \frac{6 \div \square}{18 \div \square} = \frac{6 \div \square}{18 \div \square}$$

3-1 □ 안에 알맞은 수를 써넣어 크기가 같은 분수를 만들어 보시오.

$$\frac{4}{9} = \frac{8}{\square} = \frac{12}{\square}$$

힌트 분수의 분모와 분자에 각각 0이 아닌 같은 수를 곱하여 크기가 같은 분수를 만들어 봅니다.

3-2 □ 안에 알맞은 수를 써넣어 크기가 같은 분수를 만들어 보시오.

$$\frac{18}{48} = \frac{\square}{24} = \frac{\square}{16}$$

개념 **3** 분수를 간단하게 나타내어 볼까요

개념 동영상

> 두 수의 공통인 약수
>
> 분모와 분자를 공약수로 나누어 간단히 하는 것을 약분한다고 합니다.

(예) $\dfrac{4}{12}$ 를 약분하기

분모와 분자를 2로 나누기

분모와 분자를 4로 나누기

4와 12의 공약수: 1, 2, 4 ⇨ $\dfrac{\overset{2}{\cancel{4}}}{\underset{6}{\cancel{12}}} = \dfrac{2}{6}$ $\dfrac{\overset{1}{\cancel{4}}}{\underset{3}{\cancel{12}}} = \dfrac{1}{3}$

> 더 이상 나누어지지 않는 분수
>
> 분모와 분자의 공약수가 1뿐인 분수를 기약분수라고 합니다.

(예) $\dfrac{6}{18}$ 을 기약분수로 나타내기

분모와 분자를 공약수로 나누기

더 이상 나누어지지 않으니 난 기약분수야!

6과 18의 공약수: 1, 2, 3, 6 ⇨ $\dfrac{\overset{3}{\cancel{6}}}{\underset{9}{\cancel{18}}} = \dfrac{\overset{1}{\cancel{3}}}{\underset{3}{\cancel{9}}} = \dfrac{1}{3}$ → 더 이상 나누어지지 않을 때까지 공약수로 나눕니다.

참고 기약분수로 나타낼 때 분모와 분자를 **최대공약수**로 나누면 한번에 나타낼 수 있습니다.

(예) $\dfrac{16}{24}$ 을 기약분수로 나타내기 ⇨ $\dfrac{\overset{2}{\cancel{16}}}{\underset{3}{\cancel{24}}} = \dfrac{2}{3}$

개념 체크

1 분모와 분자를 공약수로 나누어 간단히 하는 것을 ⬚ 고 합니다.

2 분모와 분자의 공약수가 1뿐인 분수를 ⬚ 라고 합니다.

아빠! 이번에 약분을 배우는데 잘 이해가 안 가요. 설명 좀 해주세요.

일단 약분의 뜻을 알아야겠지? 약을 분해한다고 해서 약분이라고 한단다.

그, 그건 너무 썰렁하잖아요.

하하! 알겠다.

분모와 분자를 공약수로 나누어 간단히 하는 것을 약분한다고 하지.

그렇다면 $\dfrac{12}{20}$ 를 약분해 볼까?

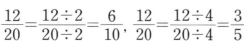

$$\dfrac{12}{20} = \dfrac{12 \div 2}{20 \div 2} = \dfrac{6}{10}, \quad \dfrac{12}{20} = \dfrac{12 \div 4}{20 \div 4} = \dfrac{3}{5}$$

짜잔! 피자 한 판 얻어왔지요!

개념 체크 정답 **1** 약분한다 **2** 기약분수

기본 문제   쌍둥이 문제   • 정답은 18쪽

교과서 유형

1-1 $\dfrac{24}{30}$ 를 약분하려고 합니다. 물음에 답하시오.

(1) 24와 30의 공약수를 모두 쓰시오.

(   )

(2) $\dfrac{24}{30}$ 와 크기가 같고 분모가 30보다 작은 분수를 만들려고 합니다. □ 안에 알맞은 수를 써넣으시오.

$$\dfrac{24}{30} = \dfrac{24 \div 2}{30 \div \square} = \dfrac{\square}{\square}$$

$$\dfrac{24}{30} = \dfrac{24 \div 3}{30 \div \square} = \dfrac{\square}{\square}$$

$$\dfrac{24}{30} = \dfrac{24 \div \square}{30 \div \square} = \dfrac{\square}{\square}$$

힌트 분모와 분자를 공약수로 나누어 간단히 하는 것을 약분한다고 합니다.

1-2 $\dfrac{30}{100}$ 을 약분하려고 합니다. 물음에 답하시오.

(1) 30과 100의 공약수를 모두 쓰시오.

(   )

(2) $\dfrac{30}{100}$ 과 크기가 같고 분모가 100보다 작은 분수를 만들려고 합니다. □ 안에 알맞은 수를 써넣으시오.

$$\dfrac{30}{100} = \dfrac{30 \div 2}{100 \div \square} = \dfrac{\square}{\square}$$

$$\dfrac{30}{100} = \dfrac{30 \div \square}{100 \div 5} = \dfrac{\square}{\square}$$

$$\dfrac{30}{100} = \dfrac{30 \div \square}{100 \div \square} = \dfrac{\square}{\square}$$

2-1 분수를 기약분수로 나타내려고 합니다. □ 안에 알맞은 수를 써넣으시오.

$$\dfrac{6}{36} = \dfrac{6 \div \square}{36 \div \square} = \dfrac{\square}{\square}$$

힌트 6과 36의 최대공약수로 분모와 분자를 나눕니다.

2-2 분수를 기약분수로 나타내려고 합니다. □ 안에 알맞은 수를 써넣으시오.

$$\dfrac{3}{21} = \dfrac{3 \div \square}{21 \div \square} = \dfrac{\square}{\square}$$

3-1 기약분수인 것에 ○표 하시오.

| $\dfrac{56}{72}$ | $\dfrac{17}{36}$ |

힌트 분모와 분자의 공약수가 1뿐인 분수를 찾습니다.

3-2 기약분수를 찾아 ○표 하시오.

| $\dfrac{15}{25}$ | $\dfrac{35}{49}$ | $\dfrac{9}{11}$ |

(   ) (   ) (   )

4

약분과 통분

개념 1 크기가 같은 분수를 알아볼까요 (1)

크기가 같은 분수는 분수만큼 색칠했을 때 색칠한 부분이 서로 같습니다.

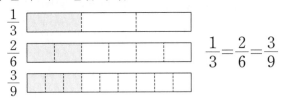

$$\frac{1}{3} = \frac{2}{6} = \frac{3}{9}$$

01 분수만큼 색칠하고 크기가 같은 분수를 쓰시오.

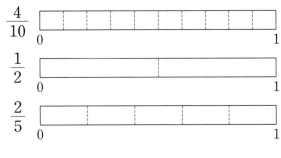

크기가 같은 분수는 ☐ 와/과 ☐ 입니다.

02 그림과 크기가 같은 분수를 모두 찾아 ○표 하시오.

$$\frac{2}{3} \qquad \frac{3}{4} \qquad \frac{8}{12} \qquad \frac{3}{15}$$

익힘책 유형

03 세 분수는 크기가 같은 분수입니다. ☐ 안에 알맞은 분수를 쓰고 분수만큼 색칠하시오.

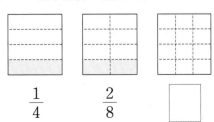

$$\frac{1}{4} \qquad \frac{2}{8} \qquad \square$$

개념 2 크기가 같은 분수를 알아볼까요 (2)

• 분모와 분자에 각각 0이 아닌 같은 수를 곱하면 크기가 같은 분수가 됩니다.
• 분모와 분자를 각각 0이 아닌 같은 수로 나누면 크기가 같은 분수가 됩니다.

04 ☐ 안에 알맞은 수를 써넣으시오.

(1) $\dfrac{8}{9} = \dfrac{8 \times \square}{9 \times 3} = \dfrac{8 \times 4}{9 \times \square}$

(2) $\dfrac{30}{42} = \dfrac{30 \div \square}{42 \div 2} = \dfrac{30 \div 3}{42 \div \square}$

익힘책 유형

05 ☐ 안에 알맞은 수를 써넣어 크기가 같은 분수를 만들어 보시오.

$$\frac{\square}{5} = \frac{\square}{10} = \frac{12}{20} = \frac{24}{\square} = \frac{48}{\square}$$

교과서 유형

06 지윤이가 만든 분수를 구하시오.

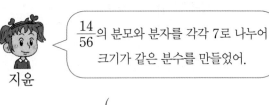

$\dfrac{14}{56}$ 의 분모와 분자를 각각 7로 나누어 크기가 같은 분수를 만들었어.

지윤

(   )

07 다음 분수와 크기가 같은 분수를 2개씩 만들어 보시오.

(1) $\boxed{\dfrac{3}{5}}$ ⇨ (   )

(2) $\boxed{\dfrac{24}{32}}$ ⇨ (   )

08 $\frac{2}{7}$와 크기가 같은 분수를 모두 고르시오.

....(   )

① $\frac{3}{4}$ ② $\frac{1}{2}$ ③ $\frac{4}{14}$

④ $\frac{6}{9}$ ⑤ $\frac{6}{21}$

09 $\frac{3}{8}$과 크기가 같은 분수 중에서 분자가 21인 분수를 구하시오.

(   )

개념 3 분수를 간단하게 나타내어 볼까요

- 약분한다: 분모와 분자를 공약수로 나누어 간단히 하는 것
- 기약분수: 분모와 분자의 공약수가 1뿐인 분수

10 $\frac{18}{24}$을 약분하여 나타낼 수 있는 분수를 모두 구하시오.

(   )

익힘책 유형
11 분수를 기약분수로 나타내시오.

$\frac{60}{84}$

(   )

12 다음 분수를 약분할 때 1을 제외하고 분모와 분자를 나눌 수 있는 수를 모두 쓰시오.

$\frac{35}{70}$

(   )

13 $\frac{4}{6}$가 기약분수인지 아닌지 쓰고 그 이유를 쓰시오.

(   )

이유 _____

_____

14 $\frac{90}{108}$을 약분하여 나타낼 수 있는 분수 중 분자가 5인 분수의 분모를 쓰시오.

(   )

15 $\frac{64}{224}$를 서로 다른 공약수로 나누어 약분한 것입니다. ㉠과 ㉡에 알맞은 수를 각각 구하시오.

$\frac{8}{㉠}$ $\frac{㉡}{14}$

㉠ (   )
㉡ (   )

해결의 창
• 분수를 약분하기

잘못된 계산 $\frac{6}{12} = \frac{6 \div 2}{12 \div 3} = \frac{3}{4}$ —— 분모와 분자를 각각 같은 수로 나누지 않았으므로 크기가 다릅니다.

바른 계산 $\frac{6}{12} = \frac{6 \div 3}{12 \div 3} = \frac{2}{4}$ —— 분모와 분자를 각각 0이 아닌 같은 수로 나누었으므로 크기가 같은 분수가 됩니다.

4 약분과 통분

개념 동영상

개념 4 분모가 같은 분수로 나타내어 볼까요

분수의 분모를 같게 하는 것을 통분한다고 하고, 통분한 분모를 공통분모라고 합니다.

(예) 크기가 같은 분수를 만들어 $\frac{5}{6}$와 $\frac{4}{9}$ 통분하기

$\cdot \frac{5}{6} = \frac{10}{12} = \frac{15}{18} = \frac{20}{24} = \frac{25}{30} = \frac{30}{36} = \cdots\cdots$ $\cdot \frac{4}{9} = \frac{8}{18} = \frac{12}{27} = \frac{16}{36} = \frac{20}{45} = \frac{24}{54} = \cdots\cdots$

$\left(\frac{5}{6}, \frac{4}{9}\right) \Rightarrow \left(\frac{15}{18}, \frac{8}{18}\right), \left(\frac{30}{36}, \frac{16}{36}\right), \cdots\cdots$

(예) $\frac{3}{4}$과 $\frac{1}{6}$ 통분하기

방법 1 두 분모의 곱을 공통분모로 하여 통분하기

$\left(\frac{3}{4}, \frac{1}{6}\right) \Rightarrow \left(\frac{3\times6}{4\times6}, \frac{1\times4}{6\times4}\right) \Rightarrow \left(\frac{18}{24}, \frac{4}{24}\right)$

└─── 4와 6의 곱인 24로 통분하기

방법 2 두 분모의 최소공배수를 공통분모로 하여 통분하기

$\left(\frac{3}{4}, \frac{1}{6}\right) \Rightarrow \left(\frac{3\times3}{4\times3}, \frac{1\times2}{6\times2}\right) \Rightarrow \left(\frac{9}{12}, \frac{2}{12}\right)$

└─── 4와 6의 최소공배수인 12로 통분하기

개념 체크

❶ 분수의 분모를 같게 하는 것을 (약분한다 , 통분한다)고 합니다.

❷ 통분한 분모를 [   ]라고 합니다.

❸ 통분할 때 두 분모의 (최대공약수 , 최소공배수)를 공통분모로 하여 통분할 수 있습니다.

콜라가 다 떨어졌잖아!

피자는 콜라랑 먹어야 딱인데.

냉장고에 먹고 남은 콜라가 있네.

공부도 할 겸 통분을 설명하면 이 콜라를 주마.

아이고 배야~!

꾀병은…… 속이 다 보인다.

분수의 분모를 같게 하는 것을 통분한다고 하고, 통분한 분모를 공통분모라고 합니다.

헤헤. 이제 배탈이 다 나은 것 같습니다.

우~~웩!

이런! 엄마가 콜라병에다 까나리 액젓을 넣어 놓은 거였네.

개념 체크 정답 ❶ 통분한다에 ○표 ❷ 공통분모 ❸ 최소공배수에 ○표

1-1 $\frac{1}{2}$과 $\frac{2}{3}$를 통분하려고 합니다. 물음에 답하시오.

(1) □ 안에 알맞은 수를 써넣으시오.

$$\frac{1}{2}=\frac{2}{4}=\frac{3}{6}=\frac{\square}{8}=\frac{\square}{10}=\frac{\square}{12}$$

$$\frac{2}{3}=\frac{4}{6}=\frac{6}{9}=\frac{\square}{12}=\frac{\square}{15}=\frac{\square}{18}$$

(2) (1)에서 만든 분수 중 분모가 같은 분수끼리 짝지으시오.

$$\left(\frac{1}{2},\ \frac{2}{3}\right)\Rightarrow\left(\frac{\square}{6},\ \frac{\square}{6}\right),\ \left(\frac{\square}{\square},\ \frac{\square}{\square}\right)$$

(힌트) 크기가 같은 분수를 만들어 분모가 같은 분수를 찾아봅니다.

교과서 **유형**

2-1 $\frac{7}{10}$과 $\frac{5}{6}$를 두 분모의 곱을 공통분모로 하여 통분하시오.

$$\frac{7}{10}=\frac{7\times6}{10\times\square}=\frac{42}{\square}$$

$$\frac{5}{6}=\frac{5\times10}{6\times\square}=\frac{50}{\square}$$

(힌트) 분수의 분모와 분자에 서로의 분모를 곱합니다.

교과서 **유형**

3-1 $\frac{7}{9}$과 $\frac{1}{6}$을 두 분모의 최소공배수를 공통분모로 하여 통분하시오.

$$\frac{7}{9}=\frac{7\times\square}{9\times\square}=\frac{\square}{\square}$$

$$\frac{1}{6}=\frac{1\times\square}{6\times\square}=\frac{\square}{\square}$$

(힌트) 두 분모의 최소공배수를 먼저 구합니다.

1-2 $\frac{1}{3}$과 $\frac{1}{4}$을 통분하려고 합니다. 물음에 답하시오.

(1) 분수만큼 왼쪽에서부터 색칠하시오.

$\frac{1}{3}$

$\frac{1}{4}$

(2) $\frac{1}{3}$과 $\frac{1}{4}$의 분모와 분자에 각각 같은 수를 곱해 분모를 같게 만드시오.

$$\frac{1}{3}=\frac{1\times\square}{3\times4}=\frac{\square}{\square}$$

$$\frac{1}{4}=\frac{1\times\square}{4\times3}=\frac{\square}{\square}$$

2-2 두 분모의 곱을 공통분모로 하여 통분하시오.

(1) $\left(\dfrac{9}{24},\ \dfrac{1}{2}\right)\Rightarrow\left(\dfrac{\square}{\square},\ \dfrac{\square}{\square}\right)$

(2) $\left(\dfrac{5}{6},\ \dfrac{7}{9}\right)\Rightarrow\left(\dfrac{\square}{\square},\ \dfrac{\square}{\square}\right)$

3-2 두 분모의 최소공배수를 공통분모로 하여 통분하시오.

(1) $\left(\dfrac{9}{22},\ \dfrac{5}{33}\right)\Rightarrow\left(\dfrac{\square}{\square},\ \dfrac{\square}{\square}\right)$

(2) $\left(\dfrac{8}{15},\ \dfrac{5}{9}\right)\Rightarrow\left(\dfrac{\square}{\square},\ \dfrac{\square}{\square}\right)$

4 약분과 통분

개념 5 분수의 크기를 비교해 볼까요 (1)

개념 동영상

- 분모가 다른 두 분수의 크기를 비교할 때에는 두 분수를 통분하여 분모를 같게 한 다음 분자의 크기를 비교합니다.

  예 $\frac{5}{8}$와 $\frac{7}{10}$의 크기 비교

  방법 1 두 분모의 곱을 공통분모로 하여 통분하기

  $$\left(\frac{5}{8}, \frac{7}{10}\right) \Rightarrow \left(\frac{50}{80}, \frac{56}{80}\right) \Rightarrow \frac{5}{8} < \frac{7}{10}$$

  방법 2 두 분모의 최소공배수를 공통분모로 하여 통분하기

  $$\left(\frac{5}{8}, \frac{7}{10}\right) \Rightarrow \left(\frac{25}{40}, \frac{28}{40}\right) \Rightarrow \frac{5}{8} < \frac{7}{10}$$

  └─ 8과 10의 최소공배수

분자끼리 비교하면 50<56입니다.

$$\frac{5}{8} \quad \frac{7}{10} \Rightarrow \frac{5}{8} \frac{7}{10} \Rightarrow \frac{50}{80} \frac{56}{80} \Rightarrow \frac{5}{8} < \frac{7}{10}$$

우리를 비교하려면 | 통분해야 해요. | 어! 분모가 같아졌네.

개념 체크

❶ 분모가 다른 두 분수의 크기를 비교할 때에는 두 분수를 통분하여 분모를 같게 한 다음 ☐ 의 크기를 비교합니다.

❷ $\frac{1}{2}$과 $\frac{1}{3}$의 크기를 비교하면 ☐ 이 더 큰 분수입니다.

아저씨! 공원 뒷산에는 왜 오신 거예요?

응. 4년 전 민주 생일에 묻어 놓은 타임캡슐 열어 보려고.

타임캡슐이 신기한 자물쇠로 잠겨 있네요?

이런…… 비밀번호가 생각나지 않네.

$\frac{5}{6}$와 $\frac{3}{10}$ 중 더 큰 분수의 분모와 분자가 비밀번호였어요.

그렇다면 두 분모를 통분하여 크기를 비교해 봐야겠구나.

$$\left(\frac{5}{6}, \frac{3}{10}\right) \Rightarrow \left(\frac{5\times5}{6\times5}, \frac{3\times3}{10\times3}\right)$$
$$\Rightarrow \left(\frac{25}{30}, \frac{9}{30}\right) \Rightarrow \frac{5}{6} > \frac{3}{10}$$

비밀번호를 입력했으니 안에 뭐가 들어 있는지 한 번 볼까?

아이고! 기억이 나는구나. 너의 빵점 시험지.

수학

그런 건 제발 버리시라고요!

개념 체크 정답 ❶ 분자 ❷ $\frac{1}{2}$

1-1 □ 안에 알맞은 수를 써넣고 ○ 안에 >, =, < 를 알맞게 써넣으시오.

$$\left[\begin{array}{l} \dfrac{7}{12}=\dfrac{7\times3}{12\times3}=\dfrac{\square}{36} \\[2mm] \dfrac{5}{9}=\dfrac{5\times4}{9\times4}=\dfrac{\square}{36} \end{array}\right.$$

$$\Rightarrow \dfrac{7}{12}\ \bigcirc\ \dfrac{5}{9}$$

(힌트) 분모가 다른 두 분수는 통분한 다음, 분자의 크기를 비교합니다.

1-2 □ 안에 알맞은 수를 써넣고 ○ 안에 >, =, < 를 알맞게 써넣으시오.

$$\left[\begin{array}{l} 1\dfrac{7}{30}=1\dfrac{7\times\square}{30\times2}=1\dfrac{\square}{60} \\[2mm] 1\dfrac{3}{20}=1\dfrac{3\times\square}{20\times3}=1\dfrac{\square}{60} \end{array}\right.$$

$$\Rightarrow 1\dfrac{7}{30}\ \bigcirc\ 1\dfrac{3}{20}$$

교과서 **유형**

2-1 □ 안에 알맞은 수를 써넣고 ○ 안에 >, =, < 를 알맞게 써넣으시오.

$$\left(\dfrac{11}{16},\ \dfrac{5}{6}\right)\Rightarrow\left(\dfrac{\square}{48},\ \dfrac{\square}{48}\right)$$

$$\Rightarrow \dfrac{11}{16}\ \bigcirc\ \dfrac{5}{6}$$

(힌트) 16과 6의 최소공배수를 공통분모로 하여 통분해 봅니다.

2-2 □ 안에 알맞은 수를 써넣고 ○ 안에 >, =, < 를 알맞게 써넣으시오.

$$\left(\dfrac{17}{36},\ \dfrac{5}{12}\right)\Rightarrow\left(\dfrac{\square}{36},\ \dfrac{\square}{36}\right)$$

$$\Rightarrow \dfrac{17}{36}\ \bigcirc\ \dfrac{5}{12}$$

3-1 분수의 크기를 비교하여 ○ 안에 >, =, <를 알맞게 써넣으시오.

$$\dfrac{10}{15}\ \bigcirc\ \dfrac{6}{9}$$

(힌트) 두 분수를 먼저 통분한 다음 크기를 비교합니다.

3-2 분수의 크기를 비교하여 ○ 안에 >, =, <를 알맞게 써넣으시오.

$$1\dfrac{3}{10}\ \bigcirc\ 1\dfrac{5}{12}$$

개념 4 분모가 같은 분수로 나타내어 볼까요

분수의 분모를 같게 하는 것을 **통분**한다고 하고, 통분한 분모를 **공통분모**라고 합니다.

(예) $\dfrac{1}{6}$과 $\dfrac{3}{8}$을 통분하기

$$\dfrac{1}{6}=\dfrac{1\times 4}{6\times 4}=\dfrac{4}{24}$$

$$\dfrac{3}{8}=\dfrac{3\times 3}{8\times 3}=\dfrac{9}{24}$$

$$\left(\dfrac{1}{6},\ \dfrac{3}{8}\right) \Rightarrow \left(\dfrac{4}{24},\ \dfrac{9}{24}\right)$$

교과서 유형

01 $\dfrac{4}{9}$, $\dfrac{7}{12}$과 각각 크기가 같은 분수를 분모가 작은 것부터 차례로 3개씩 쓴 후 통분하시오.

$$\dfrac{4}{9}=\underline{\hspace{5cm}}$$

$$\dfrac{7}{12}=\underline{\hspace{5cm}}$$

$$\left(\dfrac{4}{9},\ \dfrac{7}{12}\right) \Rightarrow \left(\boxed{},\ \boxed{}\right)$$

02 두 분모의 곱을 공통분모로 하여 통분하시오.

$$\left(\dfrac{3}{7},\ \dfrac{5}{8}\right) \Rightarrow \left(\dfrac{\boxed{}}{56},\ \dfrac{\boxed{}}{56}\right)$$

익힘책 유형

03 두 분모의 최소공배수를 공통분모로 하여 통분하시오.

$$\left(\dfrac{5}{6},\ \dfrac{4}{15}\right) \Rightarrow (\qquad ,\qquad)$$

04 $\dfrac{3}{16}$과 $\dfrac{7}{20}$을 통분하려고 합니다. 공통분모가 될 수 <u>없는</u> 것을 찾아 기호를 쓰시오.

| ㉠ 80 | ㉡ 160 | ㉢ 200 | ㉣ 400 |

( )

05 두 분모의 곱을 공통분모로 하여 통분한 것입니다. □ 안에 알맞은 수를 써넣으시오.

$$\left(\dfrac{3}{8},\ \dfrac{2}{\boxed{}}\right) \Rightarrow \left(\dfrac{15}{40},\ \dfrac{16}{40}\right)$$

06 두 분모의 최소공배수를 공통분모로 하여 통분할 때 공통분모가 <u>다른</u> 것을 찾아 ○표 하시오.

| $\dfrac{3}{8},\ \dfrac{1}{20}$ | $\dfrac{21}{40},\ \dfrac{4}{5}$ | $\dfrac{3}{4},\ \dfrac{7}{10}$ |

( ) ( ) ( )

익힘책 유형

07 수 카드를 사용하여 $\dfrac{5}{12}$와 크기가 같은 분수를 만들려고 합니다. 수 카드 중 ㉠과 ㉡에 들어갈 알맞은 수를 찾아 쓰시오.

$$\dfrac{5}{12}=\dfrac{㉠}{㉡}$$

| 60 | 72 | 15 | 48 | 30 |

㉠ ( ), ㉡ ( )

• 정답은 21쪽

개념 5 분수의 크기를 비교해 볼까요 (1)

분모가 다른 두 분수의 크기를 비교할 때에는 두 분수를 통분한 다음 분자의 크기를 비교합니다.

[08~09] 분수의 크기를 비교하여 ○ 안에 >, =, <를 알맞게 써넣으시오.

08 $\dfrac{3}{14}$ ○ $\dfrac{7}{20}$

09 $5\dfrac{9}{10}$ ○ $5\dfrac{11}{12}$

10 다보탑과 석가탑의 높이입니다. 두 탑 중에서 어느 탑이 더 높습니까?

$10\dfrac{29}{100}$ m

$10\dfrac{3}{4}$ m

▲ 다보탑　　▲ 석가탑

[출처: 문화재청]

(　　　　　　　　)

11 두 분수의 크기를 비교한 것입니다. 잘못 비교한 것을 찾아 기호를 쓰시오.

$\bigcirc\ \dfrac{2}{3} < \dfrac{7}{9}$　　$\bigcirc\ \dfrac{3}{7} < \dfrac{3}{8}$

(　　　　　　　　)

12 토끼는 갈림길마다 더 큰 수가 쓰여 있는 길을 따라 가며 당근을 먹습니다. 두 번째 갈림길에서 먹은 당근을 찾아 ○표 하시오.

익힘책 유형

13 대화를 읽고, 잘못 말한 사람의 이름을 쓰시오.

분모의 크기가 같을 때에는 분자의 크기가 큰 분수가 더 큰 분수야.

유정

분모가 다른 분수는 분모와 분자에 어떤 수든 같은 수를 곱해서 통분한 다음 크기를 비교해야 해.

진우

(　　　　　　　　)

• 분수를 통분할 때 주의할 점

분수를 통분할 때 분모와 분자에 각각 0이 아닌 같은 수를 곱하여도 크기가 같음을 이용할 수 있습니다.

이때 분모와 분자에 각각 0을 곱하면 $\dfrac{0}{0}$이 되므로 크기가 같지 않음에 주의합니다.

개념 동영상

개념 6 분수의 크기를 비교해 볼까요 (2)

- 분모가 다른 세 분수의 크기를 비교할 때에는 두 분수끼리 통분하여 차례로 크기를 비교합니다.

예 $\frac{1}{2}$, $\frac{1}{3}$, $\frac{2}{5}$의 크기 비교하기

$$\left(\frac{1}{2}, \frac{1}{3}\right) \Rightarrow \left(\frac{3}{6}, \frac{2}{6}\right) \Rightarrow \frac{1}{2} > \frac{1}{3}$$

$$\left(\frac{1}{3}, \frac{2}{5}\right) \Rightarrow \left(\frac{5}{15}, \frac{6}{15}\right) \Rightarrow \frac{1}{3} < \frac{2}{5} \Rightarrow \frac{1}{2} > \frac{2}{5} > \frac{1}{3}$$

$$\left(\frac{1}{2}, \frac{2}{5}\right) \Rightarrow \left(\frac{5}{10}, \frac{4}{10}\right) \Rightarrow \frac{1}{2} > \frac{2}{5}$$

└ 통분하여 크기 비교하기

참고

분모가 다른 세 분수의 크기를 비교할 때 세 분수를 한꺼번에 통분하여 비교할 수도 있습니다.

$$\left(\frac{1}{2}, \frac{1}{3}, \frac{2}{5}\right) \Rightarrow \left(\frac{15}{30}, \frac{10}{30}, \frac{12}{30}\right) \Rightarrow \frac{15}{30} > \frac{12}{30} > \frac{10}{30} \Rightarrow \frac{1}{2} > \frac{2}{5} > \frac{1}{3}$$

개념 체크

❶ 분모가 다른 세 분수의 크기를 비교할 때에는 두 분수씩 (더하여 , 통분하여) 차례로 크기를 비교합니다.

❷ $\frac{1}{3}$, $\frac{3}{4}$, $\frac{1}{5}$의 크기를 비교하기 위해 한꺼번에 통분하면 분모를 (30 , 60)으로 할 수 있습니다.

1-1 세 분수 $\frac{3}{4}$, $\frac{3}{5}$, $\frac{4}{7}$의 크기를 비교하려고 합니다. □ 안에 알맞은 수를 써넣고 ○ 안에 >, =, <를 알맞게 써넣으시오.

$$\left(\frac{3}{4}, \frac{3}{5}\right) \Rightarrow \left(\frac{\boxed{}}{20}, \frac{\boxed{}}{20}\right) \Rightarrow \frac{3}{4} \bigcirc \frac{3}{5}$$

$$\left(\frac{3}{5}, \frac{4}{7}\right) \Rightarrow \left(\frac{\boxed{}}{35}, \frac{\boxed{}}{35}\right) \Rightarrow \frac{3}{5} \bigcirc \frac{4}{7}$$

$$\frac{3}{4} \bigcirc \frac{3}{5} \bigcirc \frac{4}{7}$$

힌트　두 분수끼리 통분하여 차례로 크기를 비교해 봅니다.

1-2 세 분수 $\frac{8}{15}$, $\frac{3}{5}$, $\frac{7}{10}$의 크기를 비교하려고 합니다. □ 안에 알맞은 수를 써넣고 ○ 안에 >, =, <를 알맞게 써넣으시오.

$$\left(\frac{8}{15}, \frac{3}{5}\right) \Rightarrow \left(\frac{8}{15}, \frac{\boxed{}}{15}\right) \Rightarrow \frac{8}{15} \bigcirc \frac{3}{5}$$

$$\left(\frac{3}{5}, \frac{7}{10}\right) \Rightarrow \left(\frac{\boxed{}}{\boxed{}}, \frac{7}{10}\right) \Rightarrow \frac{3}{5} \bigcirc \frac{7}{10}$$

$$\frac{8}{15} \bigcirc \frac{3}{5} \bigcirc \frac{7}{10}$$

4 약분과 통분

교과서 유형

2-1 세 분수 $\frac{2}{3}$, $\frac{1}{4}$, $\frac{5}{6}$의 크기를 비교하려고 합니다. 물음에 답하시오.

(1) 크기를 비교하여 ○ 안에 >, =, <를 알맞게 써넣으시오.

$$\frac{2}{3} \bigcirc \frac{1}{4}, \quad \frac{1}{4} \bigcirc \frac{5}{6}, \quad \frac{2}{3} \bigcirc \frac{5}{6}$$

(2) 세 분수의 크기를 비교하여 □ 안에 알맞은 분수를 써넣으시오.

힌트　두 분수끼리 통분하여 차례로 크기를 비교해 봅니다.

2-2 세 분수 $\frac{3}{7}$, $\frac{2}{5}$, $\frac{5}{8}$의 크기를 비교하려고 합니다. 물음에 답하시오.

(1) 크기를 비교하여 ○ 안에 >, =, <를 알맞게 써넣으시오.

$$\frac{3}{7} \bigcirc \frac{2}{5}, \quad \frac{2}{5} \bigcirc \frac{5}{8}, \quad \frac{3}{7} \bigcirc \frac{5}{8}$$

(2) 세 분수의 크기를 비교하여 □ 안에 알맞은 분수를 써넣으시오.

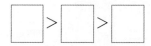

3-1 세 분수 중 가장 큰 분수를 찾아 쓰시오.

$$\frac{4}{5} \quad \frac{5}{9} \quad \frac{3}{11}$$

(　　　　　　　)

힌트　두 분수끼리 크기를 비교한 후 가장 큰 분수를 찾습니다.

3-2 세 분수 중 가장 작은 분수를 찾아 쓰시오.

$$\frac{9}{16} \quad \frac{5}{6} \quad \frac{4}{9}$$

(　　　　　　　)

개념 7 분수와 소수의 크기를 비교해 볼까요 (1)

개념 동영상

- 분수와 소수의 크기를 비교할 때 소수를 분수로 나타내어 비교할 수 있습니다.

  (예) $\dfrac{2}{5}$와 0.5의 크기 비교하기

  ① 소수를 분수로 나타내기

  0.5를 분모가 10인 분수로 고친 후 약분합니다.

  $$0.5 = \dfrac{5}{10} = \dfrac{1}{2}$$

  ② 두 분수를 통분하여 크기 비교하기

  $$\left(\dfrac{2}{5}, \dfrac{1}{2}\right) \Rightarrow \left(\dfrac{4}{10}, \dfrac{5}{10}\right) \Rightarrow \dfrac{4}{10} < \dfrac{5}{10} \Rightarrow \dfrac{2}{5} < 0.5$$

소수를 분수로 나타낸 다음 크기를 비교해 볼까?

분자끼리 비교하면 4 < 5입니다.

$$\dfrac{2}{5} \quad 0.5 \Rightarrow \left(\dfrac{2}{5}, \dfrac{5}{10}\right) \Rightarrow \left(\dfrac{4}{10}, \dfrac{5}{10}\right) \Rightarrow \dfrac{2}{5} < 0.5$$

참고

소수를 분수로 나타낼 때 소수 한 자리 수는 분모가 10, 소수 두 자리 수는 분모가 100, 소수 세 자리 수는 분모가 1000인 분수로 나타낼 수 있습니다.

개념 체크

❶ 소수 한 자리 수는 분모가 10, 소수 두 자리 수는 분모가 100인 분수로 나타낸 후 분수와 소수의 크기를 비교할 수 있습니다.

(○ , ×)

❷ $\dfrac{3}{4}$과 0.7의 크기를 비교할 때 0.7은 $\dfrac{7}{10}$로 나타내어 비교할 수 있습니다.

(○ , ×)

$$\dfrac{1}{5} = \dfrac{2}{10} < \dfrac{1}{5} < 0.5 < 0.5 = \dfrac{5}{10}$$

개념 체크 정답 ❶ ○에 ○표 ❷ ○에 ○표

교과서 **유형**

1-1 $\dfrac{7}{40}$과 0.3의 크기를 비교하려고 합니다. 물음에 답하시오.

(1) 0.3을 분수로 나타낸 후 통분하시오.

$$\left(\dfrac{7}{40},\ 0.3\right) \Rightarrow \left(\dfrac{7}{40},\ \dfrac{\square}{10}\right)$$
$$\Rightarrow \left(\dfrac{7}{40},\ \dfrac{\square}{40}\right)$$

(2) 크기를 비교하여 ○ 안에 >, =, <를 알맞게 써넣으시오.

$$\dfrac{7}{40}\ \bigcirc\ \dfrac{12}{40} \Rightarrow \dfrac{7}{40}\ \bigcirc\ 0.3$$

힌트 소수를 분수로 나타낸 후 통분하여 크기를 비교합니다.

1-2 $1\dfrac{1}{4}$과 1.45의 크기를 비교하려고 합니다. 물음에 답하시오.

(1) 1.45를 분수로 나타낸 후 통분하시오.

$$\left(1\dfrac{1}{4},\ 1.45\right) \Rightarrow \left(1\dfrac{1}{4},\ 1\dfrac{\square}{100}\right)$$
$$\Rightarrow \left(1\dfrac{\square}{100},\ 1\dfrac{\square}{100}\right)$$

(2) 크기를 비교하여 ○ 안에 >, =, <를 알맞게 써넣으시오.

$$1\dfrac{25}{100}\ \bigcirc\ 1\dfrac{45}{100} \Rightarrow 1\dfrac{1}{4}\ \bigcirc\ 1.45$$

4 약분과 통분

2-1 분수와 소수의 크기를 비교하려고 합니다. □ 안에 알맞은 수를 써넣고, ○ 안에 >, =, <를 알맞게 써넣으시오.

(1) $\dfrac{3}{5} = \dfrac{\square}{10}$ ⟩ $\dfrac{3}{5}\ \bigcirc\ 0.7$ ⟨ $0.7 = \dfrac{\square}{10}$

(2) $0.6 = \dfrac{\square}{10} = \dfrac{\square}{20}$ ⟩ $0.6\ \bigcirc\ \dfrac{13}{20}$

힌트 소수를 분모가 10, 100……인 분수로 고친 후 통분하여 크기를 비교합니다.

2-2 분수와 소수의 크기를 비교하려고 합니다. □ 안에 알맞은 수를 써넣고, ○ 안에 >, =, <를 알맞게 써넣으시오.

(1) $\dfrac{7}{50}\ \bigcirc\ 0.9$ ⟨ $0.9 = \dfrac{\square}{10} = \dfrac{\square}{50}$

(2) $\dfrac{3}{4} = \dfrac{\square}{20}$ ⟩ $\dfrac{3}{4}\ \bigcirc\ 0.7$ ⟨ $0.7 = \dfrac{\square}{10} = \dfrac{\square}{20}$

3-1 분수와 소수의 크기를 비교하여 ○ 안에 >, =, <를 알맞게 써넣으시오.

$$\dfrac{4}{15}\ \bigcirc\ 0.8$$

힌트 소수 한 자리 수는 분모가 10인 분수로 나타낼 수 있습니다.

3-2 분수와 소수의 크기를 비교하여 ○ 안에 >, =, <를 알맞게 써넣으시오.

$$\dfrac{7}{9}\ \bigcirc\ 0.75$$

개념 동영상

개념 8 분수와 소수의 크기를 비교해 볼까요 (2)

• 분수와 소수의 크기를 비교할 때 분수를 소수로 나타내어 비교할 수 있습니다.

예 0.9와 $\frac{4}{5}$의 크기 비교하기

① 분수를 소수로 나타내기

분수의 분모를 10, 100, 1000…… 등으로 고친 다음 소수로 나타낼 수 있습니다.

$$\frac{4}{5}=\frac{4\times2}{5\times2}=\frac{8}{10}=0.8$$

② 소수의 크기를 비교하기

$$0.9>0.8 \Rightarrow 0.9>\frac{4}{5}$$

> 분수를 소수로 나타낸 다음 크기를 비교해 보자!

$$0.9 \quad \frac{4}{5} \Rightarrow \left(0.9, \frac{8}{10}\right) \Rightarrow (0.9, 0.8) \Rightarrow 0.9 > \frac{4}{5}$$

참고 분수 중 소수로 나타낼 수 없는 수도 있습니다. $\frac{3}{7}$의 분모 7은 10, 100, 1000……으로 만들 수 없으므로 소수로 나타낼 수 없습니다.

개념 체크

❶ 분수를 소수로 나타내어 비교할 때 분모를 10, 100, 1000…… 등으로 고쳐서 소수로 나타낸 다음 비교합니다. (○ , ×)

참고 소수로 나타내기 위해 분모 바꾸기

• 10으로 만들 수 있는 수 : 2, 5

• 100으로 만들 수 있는 수: 4, 20, 25, 50

• 1000으로 만들 수 있는 수: 8, 40, 125, 200, 500

어이쿠, 앞쪽 도로가 공사중이어서 엄청 돌아가야 해.

연료가 $\frac{2}{5}$ L 남았습니다!

가까운 주유소까지 가는 데 휘발유가 0.5 L 필요해요. $\frac{2}{5}$ L와 0.5 L 중에 더 큰 수는 뭐예요?

분수를 소수로 나타내어 비교해 보니 0.5가 더 큰 수이구나! 자! 보이지?

$$\frac{2}{5}=\frac{4}{10}=0.4 \qquad \frac{2}{5} < 0.5$$

더 가까운 주유소가 있을 거야. 걱정하지마!

걱정하지 말라면서요.

미안하다. 더 힘껏 밀어라.

개념 체크 정답 ❶ ○에 ○표

교과서 유형

1-1 0.6과 $\dfrac{3}{4}$의 크기를 비교하려고 합니다. 물음에 답하시오.

(1) $\dfrac{3}{4}$을 소수로 나타내시오.

$$\dfrac{3}{4}=\dfrac{\boxed{}}{100}=\boxed{}$$

(2) 크기를 비교하여 ◯ 안에 >, =, <를 알맞게 써넣으시오.

$$0.6 \bigcirc 0.75 \Rightarrow 0.6 \bigcirc \dfrac{3}{4}$$

힌트　분모가 4인 분수는 분모가 100인 분수로 나타낸 후 소수로 나타낼 수 있습니다.

1-2 1.7과 $1\dfrac{2}{5}$의 크기를 비교하려고 합니다. 물음에 답하시오.

(1) $1\dfrac{2}{5}$를 소수로 나타내시오.

$$1\dfrac{2}{5}=1\dfrac{\boxed{}}{10}=\boxed{}$$

(2) 크기를 비교하여 ◯ 안에 >, =, <를 알맞게 써넣으시오.

$$1.7 \bigcirc \boxed{} \Rightarrow 1.7 \bigcirc 1\dfrac{2}{5}$$

2-1 분수와 소수의 크기를 비교하려고 합니다. □ 안에 알맞은 수를 써넣고, ◯ 안에 >, =, <를 알맞게 써넣으시오.

(1) $\dfrac{3}{5}=\dfrac{\boxed{}}{10}=\boxed{}$ ⟩ $\dfrac{3}{5} \bigcirc 0.6$

(2) $0.8 \bigcirc \dfrac{21}{25}$ ⟨ $\dfrac{21}{25}=\dfrac{\boxed{}}{100}=\boxed{}$

힌트　분수를 분모가 10, 100⋯⋯인 분수로 고친 후 소수로 나타내어 크기를 비교합니다.

2-2 분수와 소수의 크기를 비교하려고 합니다. □ 안에 알맞은 수를 써넣고, ◯ 안에 >, =, <를 알맞게 써넣으시오.

(1) $0.9 \bigcirc \dfrac{17}{20}$ ⟨ $\dfrac{17}{20}=\dfrac{\boxed{}}{100}=\boxed{}$

(2) $\dfrac{1}{4}=\dfrac{\boxed{}}{100}=\boxed{}$ ⟩ $\dfrac{1}{4} \bigcirc 0.3$

3-1 소수와 분수의 크기를 비교하여 ◯ 안에 >, =, <를 알맞게 써넣으시오.

$$0.52 \bigcirc \dfrac{13}{25}$$

힌트　분수를 소수로 바꾼 후 크기를 비교할 수 있습니다.

3-2 소수와 분수의 크기를 비교하여 ◯ 안에 >, =, <를 알맞게 써넣으시오.

$$0.38 \bigcirc \dfrac{9}{10}$$

4 약분과 통분

STEP 2 개념 확인하기

개념 6 분수의 크기를 비교해 볼까요 (2)

분모가 다른 세 분수의 크기를 비교할 때에는 두 분수끼리 차례로 통분하여 크기를 비교할 수 있습니다.

[01~02] 세 분수의 크기를 비교하려고 합니다. 물음에 답하시오.

$$\frac{5}{9} \quad \frac{4}{7} \quad \frac{6}{13}$$

01 크기를 비교하여 ○ 안에 >, =, <를 알맞게 써넣으시오.

$$\frac{5}{9} \bigcirc \frac{4}{7}, \quad \frac{4}{7} \bigcirc \frac{6}{13}, \quad \frac{5}{9} \bigcirc \frac{6}{13}$$

교과서 유형

02 세 분수의 크기를 비교하여 □ 안에 알맞은 분수를 써넣으시오.

$$\boxed{} > \boxed{} > \boxed{}$$

익힘책 유형

03 세 분수의 크기를 비교하여 □ 안에 큰 분수부터 차례로 쓰시오.

$$\Rightarrow \boxed{}, \boxed{}, \boxed{}$$

04 용액이 가장 많이 들어 있는 비커를 찾아 쓰시오.

비커	가 비커	나 비커	다 비커
용액의 양	$\frac{2}{3}$ L	$\frac{4}{5}$ L	$\frac{6}{7}$ L

(   )

05 철사를 훈정이는 $\frac{4}{9}$ m, 현수는 $\frac{7}{12}$ m, 태진이는 $\frac{11}{18}$ m 사용했습니다. 철사를 가장 많이 사용한 사람은 누구입니까?

(   )

06 $\frac{1}{2}, \frac{3}{5}, \frac{2}{9}$의 크기를 비교하여 작은 분수부터 차례로 쓰시오.

(   )

개념 7, 8 분수와 소수의 크기를 비교해 볼까요

분수와 소수의 크기를 비교할 때 소수를 분수로 나타내거나 분수를 소수로 나타내어 비교할 수 있습니다.

교과서 유형

07 □ 안에 알맞은 수를 써넣고, ○ 안에 >, =, <를 알맞게 써넣으시오.

$$0.7 \bigcirc \frac{4}{5} < \frac{4}{5} = \frac{\boxed{}}{10} = \boxed{}$$

[08~09] 분수와 소수의 크기를 비교하여 ○ 안에 >, =, <를 알맞게 써넣으시오.

08 $\dfrac{3}{4}$ ◯ 0.72

09 2.6 ◯ $2\dfrac{4}{5}$

10 더 무거운 수박에 ○표 하시오.

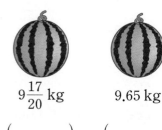

$9\dfrac{17}{20}$ kg   9.65 kg

(   ) (   )

11 지현이는 $1\dfrac{43}{50}$ km를 걸었고 지수는 1.7 km를 걸었습니다. 누가 더 많이 걸었는지 알아보시오.

(   )

12 신영이의 몸무게는 $38\dfrac{5}{8}$ kg이고 재욱이의 몸무게는 38.74 kg입니다. 더 무거운 사람은 누구입니까?

$38\dfrac{5}{8}$ kg   38.74 kg

신영   재욱

(   )

13 크기를 비교하여 ○ 안에 >, =, <를 알맞게 써넣으시오.

$\dfrac{47}{50} - \dfrac{21}{50}$ ◯ 0.55

익힘책 유형

14 분수와 소수의 크기를 비교하여 작은 수부터 차례로 쓰시오.

$1\dfrac{7}{10}$ 0.2 $\dfrac{1}{4}$ 1.6

(   )

해결의 창

• 분자가 분모보다 1 작은 분수는 분모가 클수록 큰 분수입니다.

$\dfrac{1}{2} < \dfrac{2}{3} < \dfrac{3}{4} < \dfrac{4}{5} < \dfrac{5}{6} < \dfrac{6}{7}$

약분과 통분

4

01 분수만큼 색칠하고 크기가 같은 분수에 ◯표 하시오.

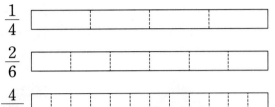

$\dfrac{1}{4}$

$\dfrac{2}{6}$

$\dfrac{4}{12}$

$\left(\dfrac{1}{4} , \dfrac{2}{6} , \dfrac{4}{12} \right)$

02 ☐ 안에 알맞은 수를 써넣으시오.

$$\dfrac{24}{60} = \dfrac{\boxed{}}{30} = \dfrac{8}{\boxed{}} = \dfrac{\boxed{}}{15}$$

03 왼쪽 분수와 크기가 같은 분수를 찾아 ◯표 하시오.

$\boxed{\dfrac{9}{24}}$ $\left(\dfrac{7}{12} , \dfrac{18}{48} , \dfrac{10}{16} \right)$

04 기약분수로 나타내시오.

$\boxed{\dfrac{48}{144}}$

(   )

05 분모의 곱을 공통분모로 하여 통분하시오.

$$\left(\dfrac{7}{12} , \dfrac{5}{9} \right) \Rightarrow \left(\qquad , \qquad \right)$$

06 기약분수가 <u>아닌</u> 것을 찾아 기호를 쓰시오.

| ㉠ $\dfrac{3}{10}$ | ㉡ $\dfrac{7}{12}$ | ㉢ $\dfrac{18}{21}$ | ㉣ $\dfrac{13}{24}$ |

(   )

07 $\dfrac{36}{48}$ 을 약분하려고 합니다. 분모와 분자를 나눌 수 <u>없는</u> 수를 따라 사다리를 탔을 때 나오는 동물에 ◯ 표 하시오.

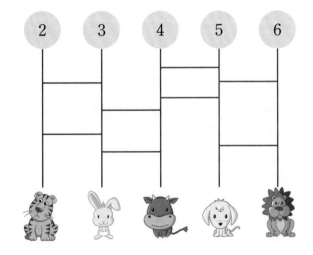

• 정답은 24쪽

08 크기가 같은 분수끼리 선으로 이으시오.

$\dfrac{1}{3}$ •   • $\dfrac{16}{24}$

$\dfrac{2}{3}$ •   • $\dfrac{18}{54}$

09 분수의 크기를 비교하여 ○ 안에 >, =, <를 알맞게 써넣으시오.

(1) $\dfrac{23}{42}$ ○ $\dfrac{7}{10}$ (2) $\dfrac{9}{16}$ ○ $\dfrac{11}{20}$

10 세 분수는 크기가 같은 분수입니다. □ 안에 알맞은 분수를 쓰고 분수만큼 색칠하시오.

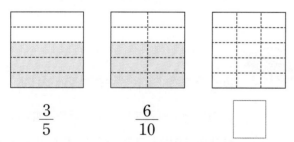

$\dfrac{3}{5}$ $\dfrac{6}{10}$ □

11 ㉠과 ㉡ 중 더 큰 수를 찾아 기호를 쓰시오.

㉠ 1.8   ㉡ $1\dfrac{3}{4}$

(   )

12 $\dfrac{4}{9}$와 $\dfrac{7}{12}$을 통분하려고 합니다. 공통분모가 될 수 없는 수를 찾아 쓰시오.

| 24 | 36 | 72 | 108 |

(   )

13 $\dfrac{27}{72}$을 한 번만 약분하여 기약분수로 나타내려고 합니다. 분모와 분자를 어떤 수로 나누어야 하는지 구하시오.

(   )

14 다음 중 가장 큰 수를 찾아 쓰시오.

| 0.8 | $\dfrac{22}{25}$ | $\dfrac{17}{20}$ |

(   )

15 유진이네 집에서 초등학교와 중학교까지의 거리를 나타낸 것입니다. 초등학교와 중학교 중 어느 곳이 유진이네 집에서 더 가깝습니까?

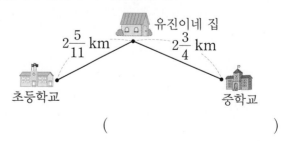

(   )

4

약분과 통분

· 정답은 24쪽

16 다음에서 바르게 말한 사람을 찾고, 그 이유를 쓰시오.

경우

$\dfrac{16}{56}$ 을 약분해서 만들 수 있는 수는 4개야.

$\dfrac{28}{42}$ 을 기약분수로 나타내면 $\dfrac{2}{3}$ 야.

나리

(   )

이유 _____

_____

17 두 기약분수를 통분한 것입니다. 통분하기 전의 기약분수를 구하시오.

| $\dfrac{33}{63}$ | $\dfrac{14}{63}$ |

(,   )

18 분모가 6인 진분수 중에서 기약분수를 모두 쓰시오.

(   )

19 ❶진분수 $\dfrac{\square}{12}$ 가 ❷기약분수라고 할 때, □ 안에 들어갈 수 있는 수를 모두 쓰시오.

(   )

 해결의 법칙

❶ $\dfrac{\square}{12}$ 가 진분수가 될 수 있는 수를 모두 찾습니다.

❷ ❶의 수 중 분모와 공약수가 1뿐인 수를 모두 찾습니다.

20 ❶$\dfrac{1}{4}$ 과 크기가 같은 분수 중에서 ❷분모와 분자의 합이 ❸10보다 크고 30보다 작은 분수를 모두 찾아 쓰시오.

(   )

 해결의 법칙

❶ $\dfrac{1}{4}$ 과 크기가 같은 분수를 만들어 봅니다.

❷ 만든 분수의 분모와 분자의 합을 구합니다.

❸ 합이 10보다 크고 30보다 작은 분수를 찾습니다.

창의·융합 문제

• 정답은 24쪽

1 색 막대를 이용하여 최소공배수를 구하여 $\frac{3}{4}$과 $\frac{4}{5}$를 통분하려고 합니다. 물음에 답하시오.

(1) 4를 나타내는 막대와 5를 나타내는 막대가 만날 때까지 늘어놓아 보시오.

```
0        5        10       15       20       25
|--|--|--|--|--|--|--|--|--|--|--|--|--|--|--|--|--|--|--|--|--|--|--|--|--|
```
| 4 | |
| 5 | |

(2) 4를 나타내는 막대와 5를 나타내는 막대가 처음 만나는 곳의 수를 쓰시오.

(   )

(3) 4와 5의 최소공배수는 얼마입니까?

(   )

(4) $\frac{3}{4}$과 $\frac{4}{5}$를 두 분모의 최소공배수를 공통분모로 하여 통분하시오.

(,   )

2 다음은 분수 회오리입니다. 분모는 바깥쪽 원에 있는 수를 2부터 2씩 뛰어가며 센 수로, 분자는 안쪽 원에 있는 수를 1부터 1씩 뛰어가며 센 수로 짝지어 선을 이으시오. 또 크기가 같은 분수를 찾아 □ 안에 알맞은 수를 써넣으시오.

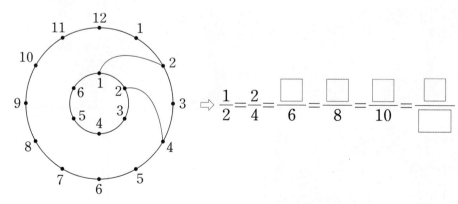

$$\Rightarrow \frac{1}{2} = \frac{2}{4} = \frac{\square}{6} = \frac{\square}{8} = \frac{\square}{10} = \frac{\square}{\square}$$

5 분수의 덧셈과 뺄셈

제5화 천재 개 잔디와 몽키 Q의 대결

아빠! 여기 놀이공원에 왜 온 거예요?

응, 몽키 Q와 대결하려고.

이 동물원에 몽키 Q라는 천재 원숭이가 있대. 우리 잔디하고 대결해 보라고 할 거야.

내가 왜 원숭이 따위와!

잔디라면 몽키 Q 정도는 가뿐하게 이길 수 있지?

그것은 당일의 컨디션도 중요하고 또…….

척!

걱정 마십쇼! 가뿐하게 이길게요!

몽키 Q와 천재 개 잔디의 대결이 있겠습니다!

자, 몽키 Q에게 먼저 문제를 내겠습니다.

익은 바나나가 $5\frac{4}{5}$ kg, 안 익은 바나나가 $3\frac{1}{2}$ kg 있습니다. 익은 바나나와 안 익은 바나나의 무게를 더하면 몇 kg일까요?

원숭이가 답을 모르나 봐.

……?

……!!

슉!

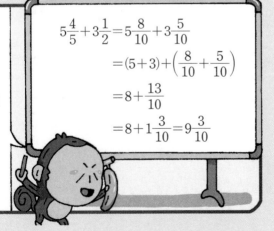

분모가 다른 대분수의 덧셈을 할 때는 자연수는 자연수끼리, 분수는 분수끼리 더해서 계산하면 됩니다. 그러니까……

답은 $9\frac{3}{10}$ kg입니다.

$$5\frac{4}{5}+3\frac{1}{2}=5\frac{8}{10}+3\frac{5}{10}$$
$$=(5+3)+\left(\frac{8}{10}+\frac{5}{10}\right)$$
$$=8+\frac{13}{10}$$
$$=8+1\frac{3}{10}=9\frac{3}{10}$$

이번에 배울 내용

몽키 Q 정답!

이번에는 천재 개로 유명한 잔디에게 문제 나갑니다!

다음을 계산해 보세요.

$$\frac{7}{8} - \frac{1}{6}$$

흠.

잘 모르나 봐.

생긴 것이 잘 모를 것 같긴 해요.

잔디에게 공짜란 없으니까……. 자!

앗! 고급 뼈다귀!

우물 우물

척!

분모가 다른 진분수의 뺄셈을 할 때는 두 분수를 통분한 후 분자끼리 빼면 됩니다.

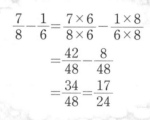

$$\frac{7}{8} - \frac{1}{6} = \frac{7 \times 6}{8 \times 6} - \frac{1 \times 8}{6 \times 8}$$
$$= \frac{42}{48} - \frac{8}{48}$$
$$= \frac{34}{48} = \frac{17}{24}$$

네~ 정답 이에요!

나도 바나나 좋아 하는데 좀 주지?

넌 이 껍질이나 먹어!

척!

퍽!

감히 껍질을 나에게 던져? 앗! 바나나 껍질에 뭔가 적혀 있는데?

바나나 껍질에 정답이 적혀 있었어!

우리 잔디가 이긴 거네.

총총총~!!

개념 **1**   분수의 덧셈을 해 볼까요(1)

개념 동영상

• $\dfrac{3}{4}+\dfrac{1}{6}$의 계산

(1) 그림으로 알아보기

$\dfrac{3}{4}$ 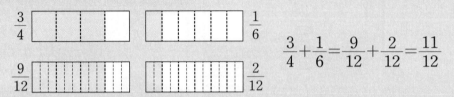 $\dfrac{1}{6}$

$\dfrac{9}{12}$ $\dfrac{2}{12}$

$$\frac{3}{4}+\frac{1}{6}=\frac{9}{12}+\frac{2}{12}=\frac{11}{12}$$

(2) 계산 방법 알아보기

방법 **1** 두 분모의 곱을 공통분모로 하여 통분한 후 계산하기

$$\frac{3}{4}+\frac{1}{6}=\frac{3\times6}{4\times6}+\frac{1\times4}{6\times4}=\frac{18}{24}+\frac{4}{24}=\frac{22}{24}=\frac{11}{12}$$

└ 4와 6의 곱인 24로 통분하기

방법 **2** 두 분모의 최소공배수를 공통분모로 하여 통분한 후 계산하기

$$\frac{3}{4}+\frac{1}{6}=\frac{3\times3}{4\times3}+\frac{1\times2}{6\times2}=\frac{9}{12}+\frac{2}{12}=\frac{11}{12}$$

└ 4와 6의 최소공배수인 12로 통분하기

개념 체크

❶ 분모가 다른 진분수의 덧셈은 (약분 , 통분)하여 계산할 수 있습니다.

❷ $\dfrac{5}{8}+\dfrac{1}{6}$을 통분하여 계산할 때 공통분모를 14로 하여 계산할 수 있습니다.
(○ , ×)

와~ 공원 화단에 꽃이 예쁘게 피었어요.

화단 전체 넓이의 $\dfrac{3}{4}$은 민들레, 화단 전체 넓이의 $\dfrac{1}{6}$은 봉선화를 심었대요.

그러면 민들레와 봉선화를 심은 넓이는 화단 전체의 얼마일까요?

두 분모의 곱을 공통분모로 하여 통분한 후 계산하면 답은 전체의 $\dfrac{11}{12}$이구나.

$$\frac{3}{4}+\frac{1}{6}=\frac{3\times6}{4\times6}+\frac{1\times4}{6\times4}=\frac{18}{24}+\frac{4}{24}=\frac{22}{24}=\frac{11}{12}$$

꽃 사이에 있으니까 뭐가 꽃이고 뭐가 사람인지 모르겠지?

눈 감고도 찾겠는 걸?

개념 체크 정답 ❶ 통분에 ○표 ❷ ×에 ○표

교과서 유형

1-1 $\frac{1}{8}+\frac{1}{2}$을 그림에 색칠하고 □ 안에 알맞은 수를 써넣으시오.

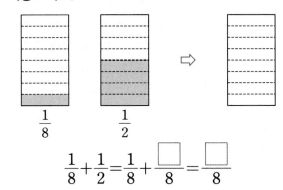

$$\frac{1}{8}+\frac{1}{2}=\frac{1}{8}+\frac{\square}{8}=\frac{\square}{8}$$

힌트) $\frac{1}{8}$과 $\frac{1}{2}$을 분모 8과 2의 최소공배수인 8을 공통분모로 하여 통분합니다.

1-2 $\frac{1}{2}$과 $\frac{1}{4}$을 각각 그림에 색칠하고 □ 안에 알맞은 수를 써넣으시오.

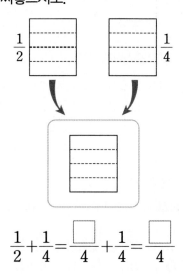

$$\frac{1}{2}+\frac{1}{4}=\frac{\square}{4}+\frac{1}{4}=\frac{\square}{4}$$

2-1 □ 안에 알맞은 수를 써넣으시오.

(1) $\frac{1}{4}+\frac{1}{6}=\frac{\square}{24}+\frac{\square}{24}=\frac{\square}{24}=\boxed{}$

(2) $\frac{5}{6}+\frac{1}{9}=\frac{\square}{18}+\frac{\square}{18}=\boxed{}$

힌트) 분모가 다른 진분수의 덧셈을 할 때에는 두 분수를 통분한 후 분자끼리 더합니다.

2-2 계산을 하시오.

(1) $\frac{1}{8}+\frac{2}{5}$

(2) $\frac{5}{12}+\frac{7}{15}$

3-1 빈 곳에 알맞은 분수를 써넣으시오.

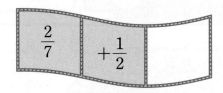

힌트) 두 분모의 곱이나 최소공배수를 공통분모로 하여 통분한 후 계산합니다.

3-2 빈 곳에 알맞은 분수를 써넣으시오.

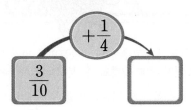

5

분수의 덧셈과 뺄셈

개념 2   분수의 덧셈을 해 볼까요 (2)

개념 동영상

• $\dfrac{5}{6}+\dfrac{3}{4}$ 의 계산

(1) 그림으로 알아보기

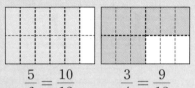

$\dfrac{5}{6}=\dfrac{10}{12}$ $\dfrac{3}{4}=\dfrac{9}{12}$

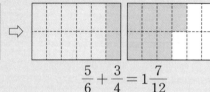

$\dfrac{5}{6}+\dfrac{3}{4}=1\dfrac{7}{12}$

(2) 계산 방법 알아보기

방법 1 두 분모의 곱을 공통분모로 하여 통분한 후 계산하기

$$\dfrac{5}{6}+\dfrac{3}{4}=\dfrac{5\times4}{6\times4}+\dfrac{3\times6}{4\times6}=\dfrac{20}{24}+\dfrac{18}{24}=\dfrac{38}{24}=1\dfrac{14}{24}=1\dfrac{7}{12}$$

└ 6과 4의 곱인 24로 통분하기

방법 2 두 분모의 최소공배수를 공통분모로 하여 통분한 후 계산하기

$$\dfrac{5}{6}+\dfrac{3}{4}=\dfrac{5\times2}{6\times2}+\dfrac{3\times3}{4\times3}=\dfrac{10}{12}+\dfrac{9}{12}=\dfrac{19}{12}=1\dfrac{7}{12}$$

2) 6 4
   3 2 ⇨ 최소공배수: $2\times3\times2=12$

1 진분수끼리의 덧셈은 두 분수를 통분한 다음 분모는 그대로 쓰고 ☐ 끼리 더합니다.

2 $\dfrac{4}{9}+\dfrac{5}{6}$ 는

$\dfrac{4\times6}{9\times6}+\dfrac{5\times9}{6\times9}$ 와 같이 두 분모의 (곱 , 최소공배수)을(를) 공통분모로 하여 통분한 후 계산할 수 있습니다.

채소를 따러 텃밭에 가 보자.

우아~ 고추와 방울토마토가 많이 열렸어요.

그래.

빈 텃밭에 고추 씨를 $\dfrac{5}{6}$ kg, 방울토마토 씨를 $\dfrac{3}{4}$ kg 사서 심었단다.

텃밭에 심은 고추 씨와 방울토마토 씨가 모두 몇 kg인지 구해 볼게요. 두 분모의 최소공배수를 이용하여 통분한 후 계산하면 답은 $1\dfrac{7}{12}$ kg이네요.

그걸 깨달았다니 고추와 방울토마토보다 큰 수확이구나!

후아~ 농부들이 이렇게 힘들게 농사를 짓는지 몰랐어요. 앞으로 음식을 남기지 않겠어요.

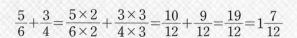

$$\dfrac{5}{6}+\dfrac{3}{4}=\dfrac{5\times2}{6\times2}+\dfrac{3\times3}{4\times3}=\dfrac{10}{12}+\dfrac{9}{12}=\dfrac{19}{12}=1\dfrac{7}{12}$$

개념 체크 정답 1 분자 2 곱에 ○표

교과서 유형

1-1 $\dfrac{1}{2}+\dfrac{7}{8}$을 그림에 색칠하고 □ 안에 알맞은 수를 써넣으시오.

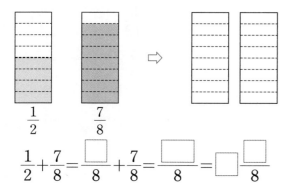

$\dfrac{1}{2}$　　$\dfrac{7}{8}$

$$\dfrac{1}{2}+\dfrac{7}{8}=\dfrac{\boxed{}}{8}+\dfrac{7}{8}=\dfrac{\boxed{}}{8}=\boxed{}\dfrac{\boxed{}}{8}$$

힌트 　$\dfrac{1}{2}$과 $\dfrac{7}{8}$을 분모 2와 8의 최소공배수인 8을 공통분모로 하여 통분합니다.

교과서 유형

2-1 □ 안에 알맞은 수를 써넣으시오.

(1) $\dfrac{1}{2}+\dfrac{3}{5}=\dfrac{\boxed{}}{10}+\dfrac{\boxed{}}{10}=\dfrac{\boxed{}}{10}=\boxed{}$

(2) $\dfrac{7}{8}+\dfrac{1}{6}=\dfrac{\boxed{}}{24}+\dfrac{\boxed{}}{24}=\dfrac{\boxed{}}{24}=\boxed{}$

힌트 　분모가 다른 진분수의 덧셈을 할 때에는 두 분수를 통분한 후 분자끼리 더합니다.

3-1 빈 곳에 두 분수의 합을 써넣으시오.

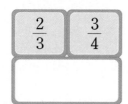

$\dfrac{2}{3}$　　$\dfrac{3}{4}$

힌트 　분모가 다른 진분수의 덧셈의 결과가 가분수일 때에는 대분수로 고쳐서 나타내는 것이 좋습니다.

1-2 $\dfrac{1}{3}$과 $\dfrac{5}{6}$를 각각 그림에 색칠하고 □ 안에 알맞은 수를 써넣으시오.

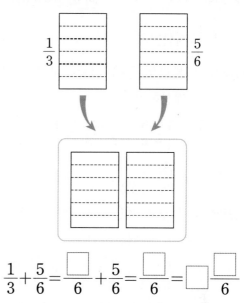

$\dfrac{1}{3}$　　$\dfrac{5}{6}$

$$\dfrac{1}{3}+\dfrac{5}{6}=\dfrac{\boxed{}}{6}+\dfrac{5}{6}=\dfrac{\boxed{}}{6}=\boxed{}\dfrac{\boxed{}}{6}$$

2-2 계산을 하시오.

(1) $\dfrac{9}{10}+\dfrac{1}{4}$

(2) $\dfrac{2}{9}+\dfrac{5}{6}$

3-2 두 분수의 합을 구하시오.

$\dfrac{9}{10}$　　$\dfrac{8}{15}$

(　　　　　　　　)

5

분수의 덧셈과 뺄셈

개념 1 분수의 덧셈을 해 볼까요(1)

• $\dfrac{1}{4}+\dfrac{1}{6}$ 계산하기

방법 1 두 분모의 곱을 공통분모로 하여 통분한 후 계산하기

$$\dfrac{1}{4}+\dfrac{1}{6}=\dfrac{1\times6}{4\times6}+\dfrac{1\times4}{6\times4}=\dfrac{6}{24}+\dfrac{4}{24}$$

$$=\dfrac{10}{24}=\dfrac{5}{12}$$

방법 2 두 분모의 최소공배수를 공통분모로 하여 통분한 후 계산하기

$$\dfrac{1}{4}+\dfrac{1}{6}=\dfrac{1\times3}{4\times3}+\dfrac{1\times2}{6\times2}=\dfrac{3}{12}+\dfrac{2}{12}=\dfrac{5}{12}$$

01 보기 와 같은 방법으로 계산하시오.

보기

$$\dfrac{3}{10}+\dfrac{4}{15}=\dfrac{3\times3}{10\times3}+\dfrac{4\times2}{15\times2}$$

$$=\dfrac{9}{30}+\dfrac{8}{30}=\dfrac{17}{30}$$

$\dfrac{2}{9}+\dfrac{5}{12}=$ _____

익힘책 **유형**

02 계산을 하시오.

(1) $\dfrac{3}{5}+\dfrac{1}{3}$

(2) $\dfrac{1}{6}+\dfrac{5}{8}$

03 두 분수의 합을 구하시오.

| $\dfrac{1}{2}$ | $\dfrac{2}{9}$ |

( )

04 □ 안에 알맞은 분수를 써넣으시오.

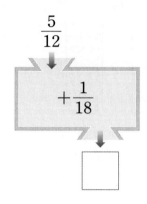

05 다음이 나타내는 수를 구하시오.

$$\dfrac{1}{7}보다 \dfrac{3}{8} 큰 수$$

( )

교과서 **유형**

06 전체 거리의 $\dfrac{3}{4}$은 기차, 전체 거리의 $\dfrac{1}{8}$은 버스를 타고 이동했습니다. 기차와 버스를 타고 이동한 거리는 전체의 얼마인지 분수로 나타내시오.

( )

07 계산 결과를 비교하여 ○ 안에 >, =, <를 알맞게 써넣으시오.

| $\dfrac{4}{15}+\dfrac{1}{3}$ | ○ | $\dfrac{4}{9}+\dfrac{5}{18}$ |

개념 ② 분수의 덧셈을 해 볼까요 (2)

• $\dfrac{4}{5}+\dfrac{8}{15}$ 계산하기

방법 1 두 분모의 곱을 공통분모로 하여 통분한 후 계산하기

$$\dfrac{4}{5}+\dfrac{8}{15}=\dfrac{4\times15}{5\times15}+\dfrac{8\times5}{15\times5}=\dfrac{60}{75}+\dfrac{40}{75}$$
$$=\dfrac{100}{75}=1\dfrac{25}{75}=1\dfrac{1}{3}$$

방법 2 두 분모의 최소공배수를 공통분모로 하여 통분한 후 계산하기

$$\dfrac{4}{5}+\dfrac{8}{15}=\dfrac{4\times3}{5\times3}+\dfrac{8}{15}=\dfrac{12}{15}+\dfrac{8}{15}=\dfrac{20}{15}$$
$$=1\dfrac{5}{15}=1\dfrac{1}{3}$$

08 □ 안에 알맞은 수를 구하시오.

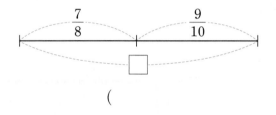

( )

익힘책 유형

09 계산을 하시오.

(1) $\dfrac{5}{9}+\dfrac{8}{15}$

(2) $\dfrac{7}{8}+\dfrac{2}{5}$

10 값이 같은 것끼리 이으시오.

$\boxed{\dfrac{2}{3}+\dfrac{4}{5}}$ • • $\boxed{1\dfrac{2}{15}}$

$\boxed{\dfrac{5}{6}+\dfrac{3}{10}}$ • • $\boxed{1\dfrac{7}{15}}$

11 계산 결과가 1보다 큰 것에 ◯표 하시오.

$\dfrac{13}{18}+\dfrac{7}{15}$	$\dfrac{2}{5}+\dfrac{3}{10}$
( )	( )

교과서 유형

12 아이스크림을 만드는 데 필요한 우유는 $\dfrac{5}{6}$컵, 과자를 만드는 데 필요한 우유는 $\dfrac{3}{4}$컵입니다. 아이스크림과 과자를 모두 만드는 데 필요한 우유는 몇 컵인지 분수로 나타내시오.

( )

13 가장 큰 수와 두 번째로 큰 수의 합을 구하시오.

$\dfrac{6}{7}$	$\dfrac{4}{5}$	$\dfrac{8}{9}$

( )

• 진분수의 덧셈을 할 때 통분하는 방법에 따른 차이점
① 두 분모의 곱을 공통분모로 하여 통분하면 공통분모를 구하기 쉽지만 분자가 커질 수 있습니다.
② 두 분모의 최소공배수를 공통분모로 하여 통분하면 분자끼리의 덧셈이 쉽고 계산 결과를 약분할 필요가 없거나 간단합니다.

개념 3 분수의 덧셈을 해 볼까요 (3)

- $1\frac{4}{5}+1\frac{1}{2}$의 계산

(1) 그림으로 알아보기

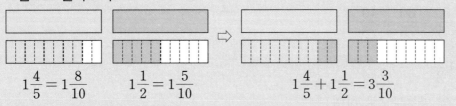

$1\frac{4}{5}=1\frac{8}{10}$ $1\frac{1}{2}=1\frac{5}{10}$ $1\frac{4}{5}+1\frac{1}{2}=3\frac{3}{10}$

(2) 계산 방법 알아보기

방법 1 자연수는 자연수끼리, 분수는 분수끼리 계산하기

$$1\frac{4}{5}+1\frac{1}{2}=1\frac{8}{10}+1\frac{5}{10}=(1+1)+\left(\frac{8}{10}+\frac{5}{10}\right)=2+1\frac{3}{10}=3\frac{3}{10}$$

자연수는 자연수끼리, 분수는 분수끼리 더하기

방법 2 대분수를 가분수로 나타내어 계산하기

$$1\frac{4}{5}+1\frac{1}{2}=\frac{9}{5}+\frac{3}{2}=\frac{18}{10}+\frac{15}{10}=\frac{33}{10}=3\frac{3}{10}$$

대분수 ⇨ 가분수   가분수 ⇨ 대분수

개념 체크

❶ $1\frac{3}{4}+2\frac{1}{3}=1\frac{9}{12}+2\frac{4}{12}$

$=(1+2)+\left(\frac{9}{12}+\frac{4}{12}\right)$와

같이 자연수는 자연수끼리,

분수는 [ ]끼리 계산

할 수 있습니다.

❷ $1\frac{3}{4}+2\frac{1}{3}$은 $\frac{7}{4}+\frac{7}{3}$과 같

이 대분수를

(진분수 , 가분수)로 나타

내어 계산할 수 있습니다.

제가 딴 방울토마토와 고추를 각각 봉투에 담았어요. 모두 몇 kg일까요?

현철이가 딴 방울토마토는 $1\frac{4}{5}$ kg이고 고추는 $1\frac{1}{2}$ kg이구나.

$1\frac{4}{5}$ kg $1\frac{1}{2}$ kg

분모가 다른 대분수의 덧셈은 자연수는 자연수끼리, 분수는 분수끼리 계산하거나 대분수를 가분수로 나타내어 계산하면 돼요.

그래서 답은 $3\frac{3}{10}$ kg이에요.

$1\frac{4}{5}+1\frac{1}{2}=\frac{9}{5}+\frac{3}{2}=\frac{18}{10}+\frac{15}{10}=\frac{33}{10}=3\frac{3}{10}$

방울토마토 쪽으로 몸이 기울어지네.

방울토마토를 먹어서 무게를 맞춰야겠어요.

크~

개념 체크 정답 ❶ 분수 ❷ 가분수에 ○표

교과서 유형

1-1 $1\dfrac{2}{5}+1\dfrac{1}{2}$ 을 그림에 색칠하고 □ 안에 알맞은 수를 써넣으시오.

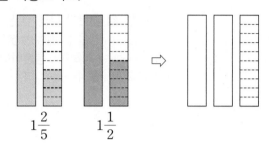

$1\dfrac{2}{5}$ $1\dfrac{1}{2}$

$1\dfrac{2}{5}+1\dfrac{1}{2}=1\dfrac{\square}{10}+1\dfrac{\square}{10}$

$=(1+1)+\left(\dfrac{\square}{10}+\dfrac{\square}{10}\right)$

$=2+\dfrac{\square}{10}=\square\dfrac{\square}{10}$

힌트 $1\dfrac{2}{5}$ 와 $1\dfrac{1}{2}$ 을 분모 5와 2의 최소공배수인 10을 공통분모로 하여 통분합니다.

1-2 $1\dfrac{1}{6}$ 과 $1\dfrac{2}{3}$ 를 각각 그림에 색칠하고 □ 안에 알맞은 수를 써넣으시오.

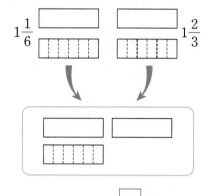

$1\dfrac{1}{6}$ $1\dfrac{2}{3}$

$1\dfrac{1}{6}+1\dfrac{2}{3}=1\dfrac{1}{6}+1\dfrac{\square}{6}$

$=(1+1)+\left(\dfrac{\square}{6}+\dfrac{\square}{6}\right)$

$=\square+\dfrac{\square}{6}$

$=\square\dfrac{\square}{6}$

2-1 □ 안에 알맞은 수를 써넣으시오.

$2\dfrac{1}{4}+1\dfrac{1}{7}=\dfrac{\square}{4}+\dfrac{\square}{7}=\dfrac{\square}{28}+\dfrac{\square}{28}$

$=\dfrac{\square}{28}=\square$

힌트   분모가 다른 대분수의 덧셈을 할 때에는 대분수를 가분수로 나타내어 계산할 수 있습니다.

2-2 계산을 하시오.

(1) $1\dfrac{2}{9}+2\dfrac{5}{12}$

(2) $1\dfrac{1}{4}+1\dfrac{17}{18}$

3-1 □ 안에 알맞은 대분수를 써넣으시오.

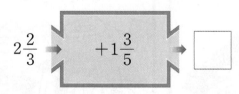

$2\dfrac{2}{3}$ → $+1\dfrac{3}{5}$ → □

힌트   분모가 다른 대분수의 덧셈을 할 때에는 자연수는 자연수끼리, 분수는 분수끼리 더해서 계산하거나 대분수를 가분수로 나타내어 계산합니다.

3-2 빈 곳에 알맞은 대분수를 써넣으시오.

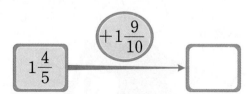

$1\dfrac{4}{5}$ → $+1\dfrac{9}{10}$ → □

5

분수의 덧셈과 뺄셈

개념 동영상

개념 **4** 분수의 뺄셈을 해 볼까요⑴

• $\dfrac{7}{8} - \dfrac{1}{6}$ 의 계산

(1) 그림으로 알아보기

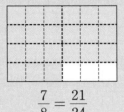

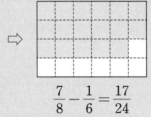

$$\dfrac{7}{8} = \dfrac{21}{24} \qquad \dfrac{1}{6} = \dfrac{4}{24} \qquad \dfrac{7}{8} - \dfrac{1}{6} = \dfrac{17}{24}$$

(2) 계산 방법 알아보기

방법 1 두 분모의 곱을 공통분모로 하여 통분한 후 계산하기

$$\dfrac{7}{8} - \dfrac{1}{6} = \dfrac{7 \times 6}{8 \times 6} - \dfrac{1 \times 8}{6 \times 8} = \dfrac{42}{48} - \dfrac{8}{48} = \dfrac{34}{48} = \dfrac{17}{24}$$

└─ 8과 6의 곱인 48로 통분하기

방법 2 두 분모의 최소공배수를 공통분모로 하여 통분한 후 계산하기

$$\dfrac{7}{8} - \dfrac{1}{6} = \dfrac{7 \times 3}{8 \times 3} - \dfrac{1 \times 4}{6 \times 4} = \dfrac{21}{24} - \dfrac{4}{24} = \dfrac{17}{24}$$

2)8 6
 ‾4‾ ‾3‾ ⇨ 8과 6의 최소공배수: $2 \times 4 \times 3 = 24$

개념 체크

❶ 분모가 다른 두 분수의 뺄셈을 할 때에는 분모를 (더하여 , 통분하여) 계산할 수 있습니다.

❷ $\dfrac{3}{4} - \dfrac{1}{2}$ 을 통분하여 계산할 때 공통분모를 4로 하여 계산할 수 있습니다.

(○ , ×)

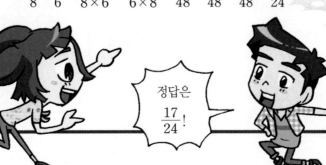

개념 체크 정답 ❶ 통분하여에 ○표 ❷ ○에 ○표

교과서 **유형**

1-1 $\dfrac{1}{2} - \dfrac{1}{4}$을 그림에 색칠하고 □ 안에 알맞은 수를 써넣으시오.

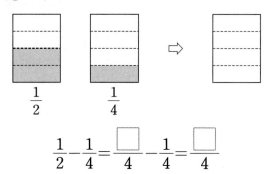

$$\dfrac{1}{2} - \dfrac{1}{4} = \dfrac{\square}{4} - \dfrac{1}{4} = \dfrac{\square}{4}$$

힌트 $\dfrac{1}{2}$과 $\dfrac{1}{4}$을 분모 2와 4의 최소공배수인 4를 공통분모로 하여 통분합니다.

1-2 $\dfrac{5}{8}$와 $\dfrac{1}{2}$을 각각 그림에 색칠하고 □ 안에 알맞은 수를 써넣으시오.

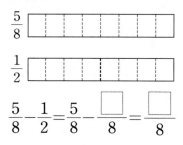

$$\dfrac{5}{8} - \dfrac{1}{2} = \dfrac{5}{8} - \dfrac{\square}{8} = \dfrac{\square}{8}$$

2-1 □ 안에 알맞은 수를 써넣으시오.

(1) $\dfrac{4}{5} - \dfrac{2}{3} = \dfrac{\square}{15} - \dfrac{\square}{15} = \square$

(2) $\dfrac{5}{7} - \dfrac{1}{3} = \dfrac{\square}{21} - \dfrac{\square}{21} = \square$

힌트 분모가 다른 진분수의 뺄셈을 할 때에는 두 분수를 통분한 후 분자끼리 뺍니다.

2-2 계산을 하시오.

(1) $\dfrac{1}{4} - \dfrac{3}{14}$

(2) $\dfrac{11}{25} - \dfrac{3}{10}$

3-1 □ 안에 알맞은 분수를 써넣으시오.

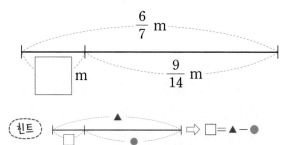

3-2 □ 안에 알맞은 분수를 써넣으시오.

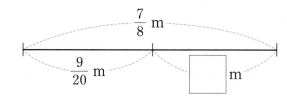

5

분수의 덧셈과 뺄셈

개념 3 분수의 덧셈을 해 볼까요 (3)

- $1\frac{1}{3}+1\frac{3}{4}$ 계산하기

방법 1 자연수는 자연수끼리, 분수는 분수끼리 계산하기

$$1\frac{1}{3}+1\frac{3}{4}=1\frac{4}{12}+1\frac{9}{12}=(1+1)+\left(\frac{4}{12}+\frac{9}{12}\right)$$
$$=2+\frac{13}{12}=2+1\frac{1}{12}=3\frac{1}{12}$$

방법 2 대분수를 가분수로 나타내어 계산하기

$$1\frac{1}{3}+1\frac{3}{4}=\frac{4}{3}+\frac{7}{4}=\frac{16}{12}+\frac{21}{12}=\frac{37}{12}=3\frac{1}{12}$$

교과서 유형

01 보기 와 같이 계산하시오.

┌─ 보기 ─────────────────
$$2\frac{2}{3}+1\frac{4}{15}=\frac{8}{3}+\frac{19}{15}=\frac{40}{15}+\frac{19}{15}=\frac{59}{15}=3\frac{14}{15}$$
└──────────────────────

$1\frac{5}{8}+2\frac{1}{4}=$ _____

02 빈 곳에 두 분수의 합을 써넣으시오.

$1\frac{1}{3}$	
$1\frac{7}{15}$	

익힘책 유형

03 계산을 하시오.

(1) $1\frac{4}{9}+1\frac{1}{3}$

(2) $1\frac{3}{7}+1\frac{2}{5}$

---

04 다음이 나타내는 수를 구하시오.

┌──────────────────────
$2\frac{5}{12}$보다 $1\frac{1}{10}$ 큰 수
└──────────────────────

( )

05 계산 결과를 비교하여 ○ 안에 >, =, <를 알맞게 써넣으시오.

$$1\frac{3}{4}+2\frac{5}{7} \quad \bigcirc \quad 1\frac{1}{4}+2\frac{9}{14}$$

06 측우기로 비의 양을 재었을 때 어제는 $12\frac{1}{3}$ mm, 오늘은 $15\frac{5}{8}$ mm 였습니다. 어제와 오늘 내린 비는 모두 몇 mm입니까?

▲측우기

( )

익힘책 유형

07 다음 수 카드를 한 번씩 모두 사용하여 대분수를 만들려고 합니다. 만들 수 있는 가장 큰 대분수와 가장 작은 대분수의 합을 구하시오.

1	3	4

( )

개념 4 분수의 뺄셈을 해 볼까요(1)

• $\dfrac{5}{6} - \dfrac{1}{3}$ 계산하기

방법 1 두 분모의 곱을 공통분모로 하여 통분한 후 계산하기

$$\dfrac{5}{6} - \dfrac{1}{3} = \dfrac{5 \times 3}{6 \times 3} - \dfrac{1 \times 6}{3 \times 6} = \dfrac{15}{18} - \dfrac{6}{18} = \dfrac{9}{18} = \dfrac{1}{2}$$

방법 2 두 분모의 최소공배수를 공통분모로 하여 통분한 후 계산하기

$$\dfrac{5}{6} - \dfrac{1}{3} = \dfrac{5}{6} - \dfrac{1 \times 2}{3 \times 2} = \dfrac{5}{6} - \dfrac{2}{6} = \dfrac{3}{6} = \dfrac{1}{2}$$

08 빈 곳에 알맞은 분수를 써넣으시오.

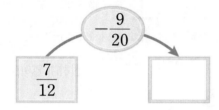

09 계산을 하시오.

(1) $\dfrac{3}{4} - \dfrac{5}{8}$

(2) $\dfrac{7}{8} - \dfrac{3}{10}$

10 $\dfrac{3}{5} - \dfrac{3}{10}$ 을 어떤 방법으로 계산했는지 설명하시오.

$$\dfrac{3}{5} - \dfrac{3}{10} = \dfrac{3 \times 2}{5 \times 2} - \dfrac{3}{10} = \dfrac{6}{10} - \dfrac{3}{10} = \dfrac{3}{10}$$

방법

11 값이 같은 것끼리 이으시오.

$\dfrac{8}{9} - \dfrac{5}{12}$ •

$\dfrac{7}{12} - \dfrac{5}{18}$ •

• $\dfrac{11}{36}$

• $\dfrac{17}{36}$

12 은서네 집에 설탕 $\dfrac{5}{8}$ kg과 소금 $\dfrac{1}{4}$ kg이 있습니다. 설탕은 소금보다 몇 kg 더 많습니까?

( )

13 ◎와 △의 차를 구하시오.

◎: $\dfrac{1}{15}$ 이 11개인 수

△: $\dfrac{1}{9}$ 이 4개인 수

( )

• 대분수의 덧셈 결과 나타내기

잘못된 계산 $1\dfrac{5}{6} + 1\dfrac{5}{9} = 1\dfrac{15}{18} + 1\dfrac{10}{18} = (1+1) + \left(\dfrac{15}{18} + \dfrac{10}{18}\right) = 2 + \dfrac{25}{18} = 2\dfrac{25}{18}$ ✗

바른 계산 $1\dfrac{5}{6} + 1\dfrac{5}{9} = 1\dfrac{15}{18} + 1\dfrac{10}{18} = (1+1) + \left(\dfrac{15}{18} + \dfrac{10}{18}\right) = 2 + \dfrac{25}{18} = 2 + 1\dfrac{7}{18} = 3\dfrac{7}{18}$

→ 대분수의 덧셈을 할 때에는 자연수는 자연수끼리, 분수는 분수끼리 계산하고, 분수 부분이 가분수이면 대분수로 나타낸 다음 자연수 부분과 더해야 합니다.

5 분수의 덧셈과 뺄셈

개념 5 분수의 뺄셈을 해 볼까요(2)

개념 동영상

- $2\dfrac{1}{2}-1\dfrac{3}{7}$의 계산

(1) 그림으로 알아보기

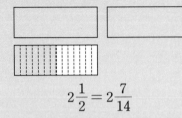 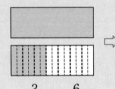 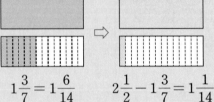

$2\dfrac{1}{2}=2\dfrac{7}{14}$　　$1\dfrac{3}{7}=1\dfrac{6}{14}$　　$2\dfrac{1}{2}-1\dfrac{3}{7}=1\dfrac{1}{14}$

(2) 계산 방법 알아보기

방법 1 자연수는 자연수끼리, 분수는 분수끼리 계산하기

$$2\dfrac{1}{2}-1\dfrac{3}{7}=2\dfrac{7}{14}-1\dfrac{6}{14}=(2-1)+\left(\dfrac{7}{14}-\dfrac{6}{14}\right)=1\dfrac{1}{14}$$

방법 2 대분수를 가분수로 나타내어 계산하기

$$2\dfrac{1}{2}-1\dfrac{3}{7}=\dfrac{5}{2}-\dfrac{10}{7}=\dfrac{35}{14}-\dfrac{20}{14}=\dfrac{15}{14}=1\dfrac{1}{14}$$

개념 체크

❶ $2\dfrac{4}{5}-1\dfrac{1}{4}=2\dfrac{16}{20}-1\dfrac{5}{20}$

$\quad=(2-1)+\left(\dfrac{16}{20}-\dfrac{5}{20}\right)$와

같이 자연수는

☐☐☐ 끼리, 분수는

분수끼리 계산할 수 있습

니다.

❷ 대분수를 가분수로 나타내

어 계산하면 자연수 부분과

☐☐☐ 부분을 따로 계

산하지 않아도 됩니다.

어쨌든 씨는 뿌려야 하니

$2\dfrac{1}{2}-1\dfrac{3}{7}$을

먼저 계산하는 사람은 빼 주겠다.

하늘이시여! 다시 수학 초능력을 주세요.

먼저 대분수를 가분수로 나타낸 뒤

가분수의 뺄셈으로 계산하면 답은~

으악!

빵!!!

답은 내가 말할 거야!

답은 바로~

$2\dfrac{1}{2}-1\dfrac{3}{7}=\dfrac{5}{2}-\dfrac{10}{7}=\dfrac{35}{14}-\dfrac{20}{14}$

$=\dfrac{15}{14}=1\dfrac{1}{14}$

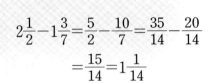

안 돼!

읍―

개념 체크 정답 ❶ 자연수 ❷ 분수

교과서 유형

1-1 $2\frac{3}{4}-1\frac{1}{2}$을 그림에 색칠하고 □ 안에 알맞은 수를 써넣으시오.

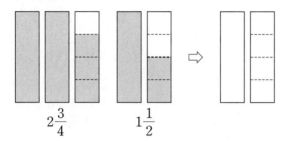

$2\frac{3}{4}$ $1\frac{1}{2}$

$$2\frac{3}{4}-1\frac{1}{2}=2\frac{3}{4}-1\frac{\square}{4}$$

$$=(2-1)+\left(\frac{3}{4}-\frac{\square}{4}\right)$$

$$=1+\frac{\square}{4}=\square\frac{\square}{4}$$

(힌트) $2\frac{3}{4}$과 $1\frac{1}{2}$을 분모 4와 2의 최소공배수인 4를 공통분모로 하여 통분합니다.

1-2 $2\frac{2}{3}$와 $1\frac{1}{4}$을 각각 그림에 색칠하고 □ 안에 알맞은 수를 써넣으시오.

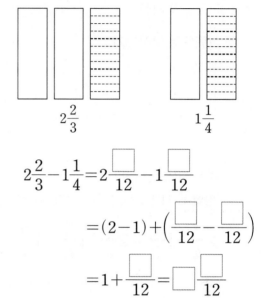

$2\frac{2}{3}$ $1\frac{1}{4}$

$$2\frac{2}{3}-1\frac{1}{4}=2\frac{\square}{12}-1\frac{\square}{12}$$

$$=(2-1)+\left(\frac{\square}{12}-\frac{\square}{12}\right)$$

$$=1+\frac{\square}{12}=\square\frac{\square}{12}$$

2-1 □ 안에 알맞은 수를 써넣으시오.

$$3\frac{5}{8}-1\frac{1}{6}=\frac{\square}{8}-\frac{\square}{6}$$

$$=\frac{\square}{24}-\frac{\square}{24}$$

$$=\frac{\square}{24}=\square$$

(힌트) 분모가 다른 대분수의 뺄셈을 할 때에는 대분수를 가분수로 나타내어 계산할 수 있습니다.

2-2 계산을 하시오.

(1) $3\frac{5}{6}-1\frac{1}{4}$

(2) $2\frac{8}{15}-1\frac{3}{10}$

3-1 다음이 나타내는 수를 구하시오.

$2\frac{5}{6}$보다 $1\frac{3}{16}$ 작은 수

( )

(힌트) ■보다 ▲ 작은 수는 ■－▲로 계산합니다.

3-2 □ 안에 알맞은 대분수를 써넣으시오.

$3\frac{3}{5}$보다 $2\frac{13}{25}$ 작은 수는 □ 입니다.

5 분수의 덧셈과 뺄셈

개념 동영상

개념 6 분수의 뺄셈을 해 볼까요(3)

• $2\frac{1}{4}-1\frac{1}{2}$의 계산

(1) 그림으로 알아보기

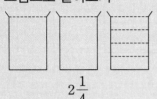

$2\frac{1}{4}$

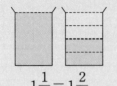

$1\frac{1}{2}=1\frac{2}{4}$

$\Rightarrow$

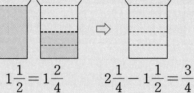

$2\frac{1}{4}-1\frac{1}{2}=\frac{3}{4}$

(2) 계산 방법 알아보기

방법 1 자연수는 자연수끼리, 분수는 분수끼리 계산하기

$$2\frac{1}{4}-1\frac{1}{2}=2\frac{1}{4}-1\frac{2}{4}=1\frac{5}{4}-1\frac{2}{4}=(1-1)+\left(\frac{5}{4}-\frac{2}{4}\right)=\frac{3}{4}$$

자연수 부분에서 1을 받아내림 하기

방법 2 대분수를 가분수로 나타내어 계산하기

$$2\frac{1}{4}-1\frac{1}{2}=\frac{9}{4}-\frac{3}{2}=\frac{9}{4}-\frac{6}{4}=\frac{3}{4}$$

대분수를 가분수로 나타내기   통분하기

❶ $3\frac{1}{4}-1\frac{4}{5}=3\frac{5}{20}-1\frac{16}{20}$

에서 $\frac{5}{20}$에서 $\frac{16}{20}$을 뺄 수

없으므로 자연수 부분에서

1을 (받아올림 , 받아내림)

하여 계산합니다.

❷ $3\frac{1}{4}-1\frac{4}{5}$는 $\frac{13}{4}-\frac{9}{5}$와

같이 대분수를

(진분수 , 가분수)로 나타

내어 계산할 수 있습니다.

얘들아~
싸우지 말아라.
둘이 나눠서 씨를
뿌리면 되지.

한 사람은 씨를 $2\frac{1}{4}$ kg만큼 뿌리고
다른 사람은 씨를 $1\frac{1}{2}$ kg만큼
뿌리거라.

앗! $2\frac{1}{4}$이 $1\frac{1}{2}$보다
크니까 역시
큰 게 좋겠지.

제가 씨를
$2\frac{1}{4}$ kg만큼
뿌릴래요!

우리 현철이 기특한데?
스스로 더 많은 씨를
뿌리겠다니 이 아저씨는
너무 기쁘구나.

다음과 같이 계산하면
현철이가 민주보다 씨를
$\frac{3}{4}$ kg만큼 더 뿌려야 하는구나.

아⋯⋯ 헷갈렸어.

아이고~
허리야.

자기 꾀에
자기가 빠졌네.
큭큭~

$$2\frac{1}{4}-1\frac{1}{2}=\frac{9}{4}-\frac{3}{2}=\frac{9}{4}-\frac{6}{4}=\frac{3}{4}$$

개념 체크 정답 ❶ 받아내림에 ◯표 ❷ 가분수에 ◯표

1-1 대분수를 가분수로 나타내어 계산하려고 합니다.
□ 안에 알맞은 수를 써넣으시오.

$$4\frac{1}{4} - 1\frac{3}{10}$$

$$= \frac{\square}{4} - \frac{\square}{10} = \frac{\square}{20} - \frac{\square}{20}$$

$$= \frac{\square}{20} = \square$$

힌트 먼저 대분수를 가분수로 나타냅니다.

1-2 보기 와 같이 대분수를 가분수로 나타내어 계산
하시오.

보기
$$3\frac{1}{5} - 1\frac{1}{4} = \frac{16}{5} - \frac{5}{4} = \frac{64}{20} - \frac{25}{20}$$
$$= \frac{39}{20} = 1\frac{19}{20}$$

$$3\frac{1}{6} - 1\frac{5}{8} =$$

2-1 □ 안에 알맞은 수를 써넣으시오.

$$4\frac{3}{8} - 2\frac{2}{3}$$

$$= 4\frac{\square}{24} - 2\frac{\square}{24} = 3\frac{\square}{24} - 2\frac{\square}{24}$$

$$= (3-2) + \left(\frac{\square}{24} - \frac{\square}{24}\right)$$

$$= 1 + \frac{\square}{24} = \square$$

힌트 분수끼리 뺄 수 없을 때에는 자연수 부분에서 1을 받
아내림하여 계산합니다.

2-2 계산을 하시오.

(1) $5\frac{5}{12} - 1\frac{5}{6}$

(2) $3\frac{3}{16} - 1\frac{7}{12}$

3-1 □ 안에 알맞은 대분수를 써넣으시오.

$$3\frac{4}{15} \longrightarrow \boxed{-1\frac{11}{30}} \longrightarrow \square$$

힌트 분모가 다른 대분수의 뺄셈을 할 때에는 자연수는 자
연수끼리, 분수는 분수끼리 빼서 계산하거나 대분수
를 가분수로 나타내어 계산합니다.

3-2 빈 곳에 알맞은 대분수를 써넣으시오.

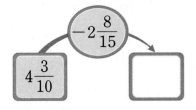

5 분수의 덧셈과 뺄셈

개념 5 분수의 뺄셈을 해 볼까요 (2)

• $2\frac{3}{5} - 1\frac{1}{2}$ 계산하기

방법 1 자연수는 자연수끼리, 분수는 분수끼리 계산하기

$$2\frac{3}{5} - 1\frac{1}{2} = 2\frac{6}{10} - 1\frac{5}{10}$$
$$= (2-1) + \left(\frac{6}{10} - \frac{5}{10}\right)$$
$$= 1 + \frac{1}{10} = 1\frac{1}{10}$$

방법 2 대분수를 가분수로 나타내어 계산하기

$$2\frac{3}{5} - 1\frac{1}{2} = \frac{13}{5} - \frac{3}{2} = \frac{26}{10} - \frac{15}{10} = \frac{11}{10} = 1\frac{1}{10}$$

01 □ 안에 알맞은 수를 써넣으시오.

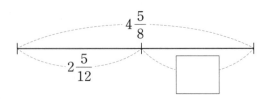

02 계산을 하시오.

(1) $2\frac{1}{4} - 1\frac{1}{6}$

(2) $4\frac{7}{9} - 1\frac{5}{12}$

03 빈 곳에 알맞은 대분수를 써넣으시오.

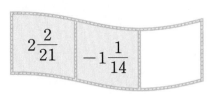

04 두 분수의 차를 구하시오.

$$5\frac{1}{6} \qquad 7\frac{1}{2}$$

(   )

05 500원짜리 동전은 100원짜리 동전보다 몇 g 더 무겁습니까?

$7\frac{7}{10}$ g $5\frac{21}{50}$ g

(   )

교과서 유형

06 $3\frac{2}{3} - 1\frac{1}{9}$ 을 두 가지 방법으로 계산하시오.

방법 1 자연수는 자연수끼리, 분수는 분수끼리 계산하기

$$3\frac{2}{3} - 1\frac{1}{9}$$

방법 2 대분수를 가분수로 나타내어 계산하기

$$3\frac{2}{3} - 1\frac{1}{9}$$

익힘책 유형

07 과자를 만들기 위해 필요한 우유는 $1\frac{4}{5}$ 컵이고 지윤이가 가지고 있는 우유는 $1\frac{3}{8}$ 컵입니다. 지윤이가 과자를 만들려면 우유는 몇 컵 더 필요합니까?

(   )

개념 6 분수의 뺄셈을 해 볼까요 (3)

• $3\frac{1}{3}-1\frac{3}{4}$ 계산하기

방법 1 자연수는 자연수끼리, 분수는 분수끼리 계산하기

$$3\frac{1}{3}-1\frac{3}{4}=3\frac{4}{12}-1\frac{9}{12}=2\frac{16}{12}-1\frac{9}{12}$$

$$=(2-1)+\left(\frac{16}{12}-\frac{9}{12}\right)$$

$$=1+\frac{7}{12}=1\frac{7}{12}$$

방법 2 대분수를 가분수로 나타내어 계산하기

$$3\frac{1}{3}-1\frac{3}{4}=\frac{10}{3}-\frac{7}{4}=\frac{40}{12}-\frac{21}{12}=\frac{19}{12}=1\frac{7}{12}$$

익힘책 유형

08 계산을 하시오.

(1) $3\frac{7}{25}-1\frac{8}{15}$

(2) $5\frac{3}{20}-2\frac{11}{30}$

09 빈 곳에 두 분수의 차를 써넣으시오.

10 계산 결과가 더 큰 것에 ◯표 하시오.

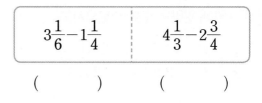

$$\boxed{\quad 3\frac{1}{6}-1\frac{1}{4} \quad \Big| \quad 4\frac{1}{3}-2\frac{3}{4} \quad}$$

(   )   (   )

익힘책 유형

11 연우는 리본 $3\frac{1}{2}$ m 중 $1\frac{4}{7}$ m를 사용했습니다. 남은 리본의 길이를 구하는 식을 쓰고 답을 구하시오.

식 $\boxed{}-\boxed{}=\boxed{}$

답 _____

12 은서는 매일 물을 $3\frac{1}{4}$ 컵씩 마시려고 합니다. 어느 날 오전까지 $1\frac{2}{3}$ 컵을 마셨다면 이날 오후에 더 마셔야 하는 물은 몇 컵입니까?

(   )

13 □ 안에 알맞은 대분수를 써넣으시오.

$$1\frac{7}{10}+\boxed{}=4\frac{3}{40}$$

5

분수의 덧셈과 뺄셈

 해결의 창
• (대분수) − (대분수)의 계산
두 분수를 통분하여 분모가 같은 분수로 만들어 계산합니다. 이때 빼는 수의 분수 부분이 빼어지는 수의 분수 부분보다 크면 자연수 부분에서 1을 받아내림하여 가분수로 바꾸어 계산해야 합니다.

점수

01 □ 안에 알맞은 수를 써넣으시오.

$$\frac{1}{2}+\frac{2}{3}=\frac{1\times\square}{2\times3}+\frac{2\times\square}{3\times2}$$

$$=\frac{\square}{6}+\frac{\square}{6}=\frac{\square}{6}=\square\frac{\square}{6}$$

02 보기 와 같이 계산하시오.

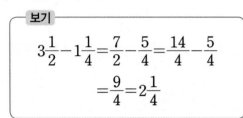

보기

$$3\frac{1}{2}-1\frac{1}{4}=\frac{7}{2}-\frac{5}{4}=\frac{14}{4}-\frac{5}{4}$$

$$=\frac{9}{4}=2\frac{1}{4}$$

$$4\frac{7}{10}-1\frac{2}{5}=\underline{\hspace{5cm}}$$

$$\underline{\hspace{6cm}}$$

[03~04] 계산을 하시오.

03 $1\frac{5}{6}+2\frac{3}{4}$

04 $4\frac{3}{8}-2\frac{3}{4}$

05 빈 곳에 알맞은 분수를 써넣으시오.

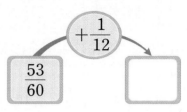

06 □ 안에 알맞은 분수를 써넣으시오.

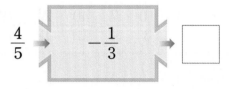

$$\frac{4}{5} \rightarrow \boxed{-\frac{1}{3}} \rightarrow \square$$

07 □ 안에 알맞은 대분수를 써넣으시오.

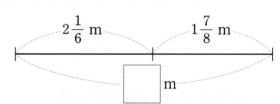

$2\frac{1}{6}$ m $1\frac{7}{8}$ m

□ m

08 두 분수의 차를 구하시오.

$$2\frac{5}{6} \qquad 1\frac{2}{3}$$

(   )

09 다음이 나타내는 수를 구하시오.

$$\frac{2}{5} 보다 \frac{1}{2} 큰 수$$

(   )

10 빈 곳에 알맞은 대분수를 써넣으시오.

+	$\frac{1}{2}$	$\frac{5}{6}$
$\frac{7}{8}$		

11 계산 결과가 1보다 큰 것에 ◯표 하시오.

$\frac{2}{3} + \frac{1}{6}$	$\frac{3}{16} + \frac{11}{12}$

(   )   (   )

12 계산 결과를 비교하여 ◯ 안에 >, =, <를 알맞게 써넣으시오.

$$2\frac{9}{10} - 1\frac{4}{15} \bigcirc 3\frac{1}{10} - 1\frac{2}{3}$$

13 값이 같은 것끼리 이으시오.

$2\frac{7}{9} - 1\frac{3}{18}$ •		• $\frac{1}{8} + \frac{1}{6}$
$1\frac{5}{6} + 1\frac{1}{2}$ •		• $\frac{7}{9} + \frac{5}{6}$
$\frac{11}{12} - \frac{5}{8}$ •		• $6 - 2\frac{2}{3}$

[14~15] 계산한 것을 보고 물음에 답하시오.

> ① $\frac{3}{10} - \frac{1}{4} = \frac{3 \times 4}{10 \times 4} - \frac{1 \times 10}{4 \times 10}$
>
> $= \frac{12}{40} - \frac{10}{40} = \frac{2}{40} = \frac{1}{20}$
>
> ② $4\frac{3}{4} - 2\frac{5}{8} = 4\frac{3}{8} - 2\frac{5}{8} = 3\frac{11}{8} - 2\frac{5}{8}$
>
> $= (3-2) + \left(\frac{11}{8} - \frac{5}{8}\right) = 1\frac{6}{8} = 1\frac{3}{4}$

14 ①과 같은 방법으로 계산하시오.

$$\frac{11}{12} - \frac{2}{9} = \underline{\hspace{5cm}}$$

$$\underline{\hspace{6cm}}$$

15 ②에서 처음 잘못 계산한 부분을 찾아 ◯표 하고, 바르게 고쳐 계산해 보시오.

$$4\frac{3}{4} - 2\frac{5}{8} = \underline{\hspace{5cm}}$$

$$\underline{\hspace{6cm}}$$

16 직사각형의 가로와 세로의 합은 몇 m인지 식을 쓰고 답을 구하시오.

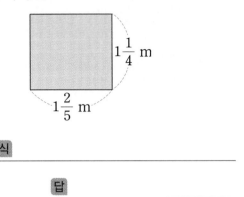

식 _____

답 _____

17 ⓝ에서 ⓒ까지의 거리를 구하려고 합니다. 풀이 과정을 완성하고 답을 구하시오.

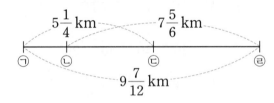

풀이 $(ⓝ{\sim}ⓒ)=(ⓐ{\sim}ⓒ)+(\square{\sim}\square)$
$-(ⓐ{\sim}ⓔ)$이므로

$5\frac{1}{4}+\square-\square=\square$ (km)입니다.

답 $\square$ km

18 □ 안에 알맞은 분수를 구하시오.

$$\frac{7}{8}+\square=\frac{9}{10}$$

(   )

19 유진이와 다원이가 ❶각자 가지고 있는 수 카드를 한 번씩만 사용하여 가장 작은 대분수를 만들려고 합니다. 두 사람이 만들 수 있는 ❷가장 작은 대분수의 합을 구하시오.

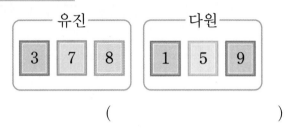

(   )

❶ 가장 작은 대분수를 각각 만들어 봅니다.

❷ ❶에서 만든 두 분수의 합을 구합니다.

20 □ 안에 들어갈 수 있는 자연수를 모두 구하시오.

$$❶1\frac{2}{3}+2\frac{7}{9}>4\frac{❷\square}{9}$$

(   )

❶ 주어진 식을 계산합니다.

❷ ❶의 계산 결과와 $4\frac{\square}{9}$의 크기를 비교하여 □ 안에 들어갈 수 있는 자연수를 구합니다.

창의·융합 문제

• 정답은 31쪽

[① ~ ⑤] 분수 막대를 사용하여 $1\frac{3}{4}+1\frac{5}{6}$ 를 계산하려고 합니다. 물음에 답하시오.

$\frac{1}{12}$	$\frac{1}{12}$	$\frac{1}{12}$	$\frac{1}{12}$	$\frac{1}{12}$	$\frac{1}{12}$	$\frac{1}{12}$	$\frac{1}{12}$	$\frac{1}{12}$	$\frac{1}{12}$	$\frac{1}{12}$	$\frac{1}{12}$
$\frac{1}{10}$	$\frac{1}{10}$	$\frac{1}{10}$	$\frac{1}{10}$	$\frac{1}{10}$	$\frac{1}{10}$	$\frac{1}{10}$	$\frac{1}{10}$	$\frac{1}{10}$	$\frac{1}{10}$		
$\frac{1}{9}$		$\frac{1}{9}$	$\frac{1}{9}$	$\frac{1}{9}$	$\frac{1}{9}$	$\frac{1}{9}$	$\frac{1}{9}$	$\frac{1}{9}$		$\frac{1}{9}$	
$\frac{1}{8}$		$\frac{1}{8}$	$\frac{1}{8}$		$\frac{1}{8}$	$\frac{1}{8}$		$\frac{1}{8}$	$\frac{1}{8}$		$\frac{1}{8}$
$\frac{1}{6}$		$\frac{1}{6}$		$\frac{1}{6}$		$\frac{1}{6}$		$\frac{1}{6}$		$\frac{1}{6}$	
$\frac{1}{5}$			$\frac{1}{5}$			$\frac{1}{5}$			$\frac{1}{5}$		$\frac{1}{5}$
$\frac{1}{4}$			$\frac{1}{4}$			$\frac{1}{4}$			$\frac{1}{4}$		
$\frac{1}{3}$				$\frac{1}{3}$				$\frac{1}{3}$			
$\frac{1}{2}$						$\frac{1}{2}$					
1											

① $\frac{3}{4}$ 과 길이가 같은 분수 막대는 어떤 분수 막대 몇 개인지 모두 구하시오.

(   )

② $\frac{5}{6}$ 와 길이가 같은 분수 막대는 어떤 분수 막대 몇 개인지 구하시오.

(   )

③ $1\frac{3}{4}$ 과 $1\frac{5}{6}$ 를 분수 막대로 놓으면 1 분수 막대는 모두 몇 개입니까?

(   )

④ $\frac{3}{4}$ 과 $\frac{5}{6}$ 를 더하면 $\frac{1}{12}$ 분수 막대 몇 개가 됩니까?

(   )

⑤ $1\frac{3}{4}+1\frac{5}{6}$ 를 계산하시오.

(   )

6 다각형의 둘레와 넓이

제6화 **현철이의 수난**

이미 배운 내용

[4-2 삼각형]
• 여러 가지 삼각형 알아보기
[4-2 사각형]
• 평행과 평행선 알아보기
• 여러 가지 사각형 알아보기

이번에 배울 내용

• 평면도형의 둘레 구하기
• $1\,cm^2$, $1\,m^2$, $1\,km^2$ 알아보기
• 직사각형과 정사각형의 넓이 구하기
• 평행사변형, 삼각형, 사다리꼴,
  마름모의 넓이 구하기

앞으로 배울 내용

[6-1 직육면체의 부피와 겉넓이]
• 직육면체의 겉넓이 알아보기
• 직육면체의 부피 알아보기
[6-2 원의 넓이]
• 원주와 원의 넓이 구하기

어라? 전등이 꺼졌네?

벽에 막 부딪혔더니 고장 났나 봐. 그렇게 세게 부딪히진 않았는데……

전구가 수명을 다한 모양이야. 누가 전구를 사 와야겠구나.

귀찮다. 네가 가!

싫어. 네가 가!

사다리를 보니 사다리꼴이 생각나네. 사다리꼴의 넓이 구하는 식을 잘 설명하는 사람이 심부름에서 빠지는 걸로 하자.

좋아!

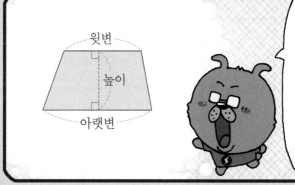

윗변

높이

아랫변

사다리꼴에서 평행한 두 변을 밑변이라 하고, 한 밑변을 윗변, 다른 밑변을 아랫변 이라고 해. 이때 두 밑변 사이의 거리를 높이라고 해.

이렇게 똑같은 2개의 사다리꼴을 붙여서 평행사변형을 만들면

윗변   아랫변

높이

아랫변   윗변

사다리꼴의 넓이는 평행사변형의 넓이의 반이니까

(사다리꼴의 넓이)
=(평행사변형의 넓이)÷2
=(밑변의 길이)×(높이)÷2
={(윗변의 길이)
　+(아랫변의 길이)}×(높이)÷2

이게 바로 사다리꼴의 넓이 구하는 방법이지.

크― 이번에도 심부름은 내 차지네.

아저씨! 전구 사 왔어요. 이거면 되겠죠?

전구에 문제가 있는 게 아니었어. 미안해서 어쩌나.

헉~

STEP 1 개념 파헤치기

개념 동영상

개념 1 정다각형의 둘레를 구해 볼까요

- 정다각형의 둘레 구하기

$$(정다각형의 둘레) = (한 변의 길이) \times (변의 수)$$

정다각형의 변의 길이는 모두 같으므로 정다각형의 둘레는 한 변의 길이에 변의 수를 곱합니다.

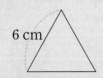
6 cm
(정삼각형의 둘레)
$=6 \times 3 = 18$ (cm)

4 cm
(정오각형의 둘레)
$=4 \times 5 = 20$ (cm)

3 cm
(정육각형의 둘레)
$=3 \times 6 = 18$ (cm)

난 네 변의 길이가 모두 같은 정사각형이야. 둘레도 구할 수 있지.

개념 체크

❶ 정다각형의 둘레는 한 변의 길이와 변의 수를 (더하여 , 곱하여) 구할 수 있습니다.

❷ 정삼각형의 한 변의 길이가 2 cm일 때 둘레는 $2 \times \boxed{} = \boxed{}$ (cm)입니다.

으~ 급하다 급해.

벽에 걸린 시계가 정육각형 모양이네.

잔디야, 정다각형의 둘레는 어떻게 구해?

(정다각형의 둘레) =(한 변의 길이)×(변의 수)
이렇게 계산하면 돼.
정다각형의 한 변의 길이에 변의 수를 곱하면 되지.

10 cm인 변이 6개이니까 둘레는 $10 \times 6 = 60$ (cm) 야.

화장실에서도 학문에 힘쓰는 내가 자랑스러워.
화장실에서는 학문에 힘쓰지 말고 항문에 힘쓰라고!

1-1 정사각형의 둘레를 구하려고 합니다. □ 안에 알맞은 수를 써넣으시오.

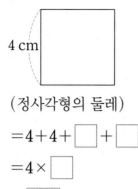

4 cm

(정사각형의 둘레)

$= 4 + 4 + \boxed{} + \boxed{}$

$= 4 \times \boxed{}$

$= \boxed{}$ (cm)

(힌트) 정사각형은 변이 4개입니다.

1-2 정삼각형의 둘레를 구하려고 합니다. □ 안에 알맞은 수를 써넣으시오.

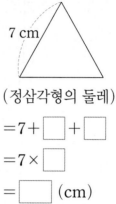

7 cm

(정삼각형의 둘레)

$= 7 + \boxed{} + \boxed{}$

$= 7 \times \boxed{}$

$= \boxed{}$ (cm)

교과서 유형

2-1 정오각형의 둘레를 구하려고 합니다. □ 안에 알맞은 수를 써넣으시오.

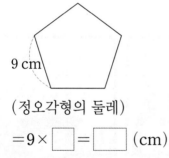

9 cm

(정오각형의 둘레)

$= 9 \times \boxed{} = \boxed{}$ (cm)

(힌트) 정오각형은 변이 5개입니다.

2-2 정육각형의 둘레를 구하려고 합니다. □ 안에 알맞은 수를 써넣으시오.

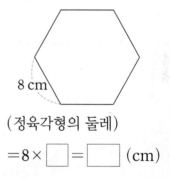

8 cm

(정육각형의 둘레)

$= 8 \times \boxed{} = \boxed{}$ (cm)

3-1 한 변의 길이가 7 cm인 정팔각형의 둘레를 구하려고 합니다. □ 안에 알맞은 수를 써넣으시오.

(정팔각형의 둘레)

$= 7 \times \boxed{} = \boxed{}$ (cm)

(힌트) 정팔각형은 변이 8개입니다.

3-2 한 변의 길이가 5 cm인 정십각형의 둘레를 구하려고 합니다. □ 안에 알맞은 수를 써넣으시오.

(정십각형의 둘레)

$= 5 \times \boxed{} = \boxed{}$ (cm)

6

다각형의 둘레와 넓이

개념 2 사각형의 둘레를 구해 볼까요

- (직사각형의 둘레)＝{(가로)＋(세로)}×2

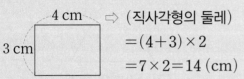
4 cm
3 cm

⇨ (직사각형의 둘레)
＝(4＋3)×2
＝7×2＝14 (cm)

- (평행사변형의 둘레)
＝{(한 변의 길이)＋(다른 한 변의 길이)}×2

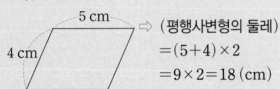
5 cm
4 cm

⇨ (평행사변형의 둘레)
＝(5＋4)×2
＝9×2＝18 (cm)

- (마름모의 둘레)＝(한 변의 길이)×4

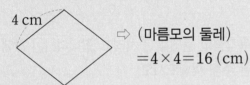
4 cm

⇨ (마름모의 둘레)
＝4×4＝16 (cm)

개념 동영상

나 직사각형은 마주 보는 변끼리 길이가 같아.

개념 체크

❶ (직사각형의 둘레)
＝{(가로)＋(세로)}× ▢

❷ (평행사변형의 둘레)
＝{(한 변의 길이)
＋(다른 한 변의 길이)}
× ▢

❸ (마름모의 둘레)
＝(한 변의 길이)× ▢

앗! 아저씨! 화장실의 타일이 떨어졌어요.
툭!

흠, 가로 8 cm, 세로 4 cm인 직사각형 모양의 타일이 떨어졌구나.
4 cm
8 cm

아저씨, 그런데 이 타일의 둘레는 어떻게 구해요?
뒤적
뒤적

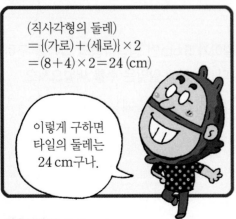
(직사각형의 둘레)
＝{(가로)＋(세로)}×2
＝(8＋4)×2＝24 (cm)
이렇게 구하면 타일의 둘레는 24 cm구나.

지난 번에 여분으로 타일을 사 두었는데, 어디 있더라?
아! 찾았다!

아빠~ 색깔은 맞춰서 끼워야죠.
같은 크기의 타일이 저것 밖에 없어서……

개념 체크 정답 ❶ 2 ❷ 2 ❸ 4

교과서 유형

1-1 직사각형의 둘레를 구하려고 합니다. ☐ 안에 알맞은 수를 써넣으시오.

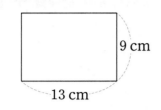

$\boxed{} + 9 + \boxed{} + 9 = \boxed{}$ (cm)

힌트 직사각형은 마주 보는 변의 길이가 같습니다.

1-2 직사각형의 둘레를 구하려고 합니다. ☐ 안에 알맞은 수를 써넣으시오.

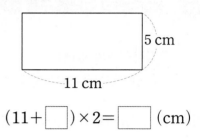

$(11 + \boxed{}) \times 2 = \boxed{}$ (cm)

교과서 유형

2-1 평행사변형의 둘레를 구하려고 합니다. ☐ 안에 알맞은 수를 써넣으시오.

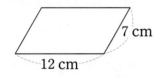

$12 + 7 + \boxed{} + \boxed{} = \boxed{}$ (cm)

힌트 평행사변형은 마주 보는 변의 길이가 같습니다.

2-2 평행사변형의 둘레를 구하려고 합니다. ☐ 안에 알맞은 수를 써넣으시오.

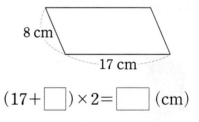

$(17 + \boxed{}) \times 2 = \boxed{}$ (cm)

교과서 유형

3-1 마름모의 둘레를 구하려고 합니다. ☐ 안에 알맞은 수를 써넣으시오.

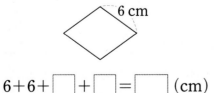

$6 + 6 + \boxed{} + \boxed{} = \boxed{}$ (cm)

힌트 마름모는 네 변의 길이가 모두 같습니다.

3-2 마름모의 둘레를 구하려고 합니다. ☐ 안에 알맞은 수를 써넣으시오.

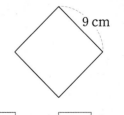

$\boxed{} \times 4 = \boxed{}$ (cm)

6 다각형의 둘레와 넓이

개념 1 정다각형의 둘레를 구해 볼까요

> (정다각형의 둘레)
> =(한 변의 길이)×(변의 수)

- (정삼각형의 둘레)=(한 변의 길이)×**3**
- (정사각형의 둘레)=(한 변의 길이)×**4**
- (정오각형의 둘레)=(한 변의 길이)×**5**

[01~02] 지훈이와 지우가 정오각형의 둘레를 구하고 있습니다. 물음에 답하시오.

8 cm

01 지훈이가 푼 방법입니다. ☐ 안에 공통으로 들어갈 수를 구하시오.

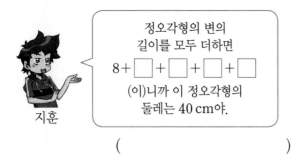
정오각형의 변의 길이를 모두 더하면
8+☐+☐+☐+☐
(이)니까 이 정오각형의 둘레는 40 cm야.

지훈

(   )

02 지우가 푼 방법입니다. ☐ 안에 알맞은 수를 구하시오.

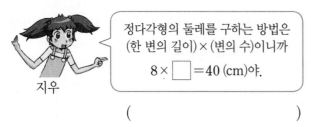
정다각형의 둘레를 구하는 방법은
(한 변의 길이)×(변의 수)이니까
8×☐=40 (cm)야.

지우

(   )

교과서 **유형**

[03~04] 정다각형의 둘레를 구하시오.

03
11 cm

(   )

04
9 cm

(   )

05 리듬체조 경기장은 한 변의 길이가 13 m인 정사각형 모양입니다. 리듬체조 경기장의 둘레를 구하시오.

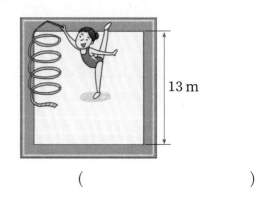
13 m

(   )

익힘책 **유형**

06 두 정다각형의 둘레가 모두 42 cm입니다. 한 변의 길이를 구하시오.

(1)   (2)

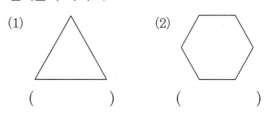

(   )   (   )

개념 2 사각형의 둘레를 구해 볼까요

- (직사각형의 둘레)
  $= \{(가로) + (세로)\} \times 2$
- (평행사변형의 둘레)
  $= \{(한 변의 길이) + (다른 한 변의 길이)\} \times 2$
- (마름모의 둘레)
  $= (한 변의 길이) \times 4$

07 직사각형의 둘레는 몇 cm입니까?

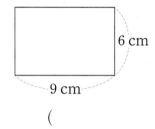

6 cm
9 cm

( )

08 평행사변형의 둘레는 몇 cm입니까?

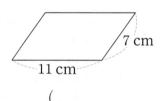

7 cm
11 cm

( )

09 마름모의 둘레는 몇 cm입니까?

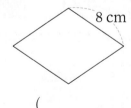

8 cm

( )

익힘책 유형

10 자전거 안전운전 면허증의 가로와 세로를 자로 재어 둘레가 몇 cm인지 구하시오.

자전거 안전운전 면허증

서울 2016-0000-000
이름: 송유빈
학교: 대한 초등학교
반: 5학년 2반
주소: 서울시 ㅇㅇ구

( )

11 가로가 8 m, 세로가 5 m인 직사각형의 둘레는 몇 m입니까?

( )

12 한 변의 길이가 10 cm인 마름모의 둘레는 몇 cm인지 식을 쓰고 답을 구하시오.

식 $10 \times \boxed{} = \boxed{}$

답 _____

13 평행사변형의 둘레가 44 cm일 때 ☐ 안에 알맞은 수를 써넣으시오.

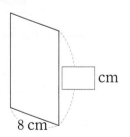

☐ cm
8 cm

 해결의 창

• **정다각형의 한 변의 길이 구하기**

정다각형의 둘레가 주어졌을 때 한 변의 길이를 구할 수 있습니다.

(정다각형의 한 변의 길이) = (정다각형의 둘레) ÷ (변의 수)

6 다각형의 둘레와 넓이

개념 3 1 cm²를 알아볼까요

• 1 cm² 알아보기

> 도형의 넓이를 나타낼 때에는 한 변의 길이가 1 cm인 정사각형의 넓이를 넓이의 단위로 사용합니다. 이 정사각형의 넓이를 1 cm²라 쓰고 1 제곱센티미터라고 읽습니다.

$$1 \text{ cm}^2 = 1 \text{ cm} \times 1 \text{ cm}$$

• 1 cm² 를 이용하여 직사각형의 넓이 구하기

1 cm² ■개의 넓이는 ■ cm²입니다.

> 난 1 cm²가 4개이므로 4 cm²야.

개념 체크

❶ 한 변의 길이가 1 cm인 정사각형의 넓이를 (1 cm² , 1 cm³)라고 씁니다.

❷ 1 cm²를 1 (제곱미터 , 제곱센티미터)라고 읽습니다.

❸ 1 cm² 2개의 넓이는 ☐ cm²입니다.

여기 타일 가게가 있네. 이 가게에서 타일을 골라 볼까?

ㅇㅇ타일

요즘 어떤 타일이 유행하나요?

요즘 유행하는 타일이라면 넓이가 1 cm²인 작은 타일이 유행이죠.

1 cm²라면 내가 잘 알아요!

한 변의 길이가 1 cm인 정사각형의 넓이를 1 cm²라 하고 1 제곱센티미터라고 읽죠.

헉! 개가 말을 하고 수학 설명도 하다니!

우리 개는 먹는 것만 밝히는데……

개념 체크 정답 ❶ 1 cm²에 ○표 ❷ 제곱센티미터에 ○표 ❸ 2

교과서 **유형**

1-1 1 cm^2 를 이용하여 넓이를 구하시오.

붙임 쪽지

(1) 1 cm^2 를 붙임 쪽지 위에 몇 개 놓을 수 있습니까?

( )

(2) 붙임 쪽지의 넓이는 몇 cm^2입니까?

( )

힌트 1 cm^2의 몇 배인지 알아본 후 넓이를 구합니다.

1-2 1 cm^2 를 이용하여 지우개의 넓이를 구하려고 합니다. □ 안에 알맞은 수를 써넣으시오.

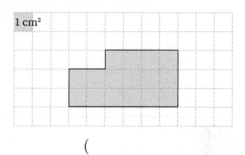

지우개

1 cm^2 를 지우개 위에 □ 개 놓을 수 있으므로 지우개의 넓이는 □ cm^2입니다.

교과서 **유형**

2-1 도형의 넓이는 몇 cm^2입니까?

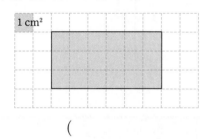

1 cm^2

( )

힌트 1 cm^2가 ■개이면 도형의 넓이는 ■ cm^2입니다.

2-2 도형의 넓이는 몇 cm^2입니까?

1 cm^2

( )

3-1 그림을 보고 □ 안에 알맞은 수나 말을 써넣으시오.

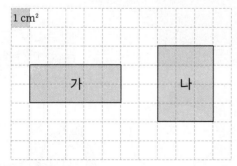

1 cm^2

가 나

가는 1 cm^2가 10개이고 나는 1 cm^2가 □개이므로 □가 더 넓습니다.

힌트 1 cm^2가 몇 개인지 세어 봅니다.

3-2 그림을 보고 물음에 답하시오.

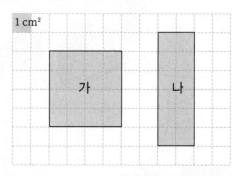

1 cm^2

가 나

(1) 가, 나는 각각 1 cm^2가 몇 개입니까?

가 ( ), 나 ( )

(2) 가와 나 중 어느 것이 더 넓습니까?

( )

6

다각형의 둘레와 넓이

개념 4 직사각형의 넓이를 구해 볼까요

개념 동영상

• 직사각형의 넓이 구하기

(직사각형의 넓이)＝(가로)×(세로)

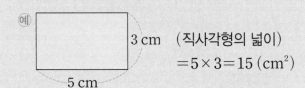

3 cm

(직사각형의 넓이)
＝5×3＝15 (cm²)

5 cm

가로와 세로를 곱하면 넓이를 구할 수 있지.

가로

세로

• 정사각형의 넓이 구하기

(정사각형의 넓이)＝(한 변의 길이)×(한 변의 길이)

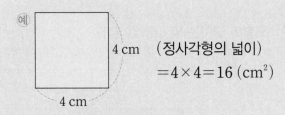

4 cm

(정사각형의 넓이)
＝4×4＝16 (cm²)

4 cm

난 네 변의 길이가 같으니까 한 변의 길이를 두 번 곱하면 넓이를 구할 수 있어.

개념 체크

❶ (직사각형의 넓이)
＝(가로)×(⬚)

❷ (정사각형의 넓이)
＝(한 변의 길이)
×(⬚)

개념 체크 정답 ❶ 세로 ❷ 한 변의 길이

교과서 유형

1-1 1 cm² 를 이용하여 직사각형의 넓이를 구하려고 합니다. 빈칸에 알맞은 수를 써넣으시오.

가로(cm)	세로(cm)	넓이(cm²)

힌트 가로와 세로에 1 cm² 가 각각 몇 개인지 세어 봅니다.

1-2 직사각형의 넓이를 구하려고 합니다. 물음에 답하시오.

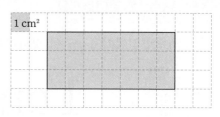

(1) 가로와 세로는 각각 몇 cm입니까?

가로 (   ), 세로 (   )

(2) 직사각형의 넓이는 몇 cm²입니까?

(   )

2-1 오른쪽 직사각형의 넓이를 구하려고 합니다. □ 안에 알맞은 수를 써넣으시오.

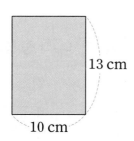

13 cm
10 cm

□ × □ = □ (cm²)

힌트 (직사각형의 넓이)=(가로)×(세로)

2-2 직사각형의 넓이는 몇 cm²입니까?

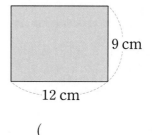

9 cm
12 cm

(   )

3-1 오른쪽 정사각형의 넓이를 구하려고 합니다. □ 안에 알맞은 수를 써넣으시오.

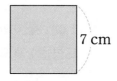

7 cm

□ × □ = □ (cm²)

힌트 (정사각형의 넓이)=(한 변의 길이)×(한 변의 길이)

3-2 정사각형의 넓이는 몇 cm²입니까?

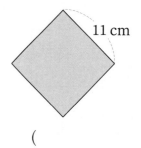

11 cm

(   )

6 다각형의 둘레와 넓이

개념 3 1 cm²를 알아볼까요

1 cm²: 한 변의 길이가 1 cm인 정사각형의 넓이

1 cm
1 cm 1 cm²

1 cm²

01 주어진 넓이를 쓰고 읽어 보시오.

(1) 1 cm^2

쓰기 _____

읽기 ( )

(2) 7 cm^2

쓰기 _____

읽기 ( )

교과서 **유형**

02 도형의 넓이를 구하시오.

(1) 1 cm²
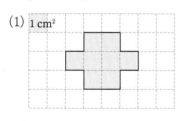

( )

(2) 1 cm²
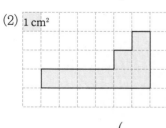

( )

익힘책 **유형**

03 넓이가 10 cm²인 것을 모두 찾아 기호를 쓰시오.

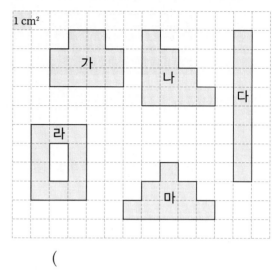

( )

04 가, 나, 다 중 넓이가 가장 넓은 도형을 찾아 쓰시오.

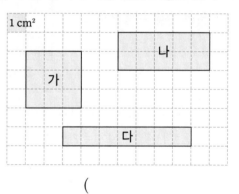

( )

05 1 cm²를 이용하여 넓이가 4 cm²이고 모양이 다른 도형을 2개 더 그려 보시오.

1 cm²

개념 4 직사각형의 넓이를 구해 볼까요

- (직사각형의 넓이)＝(가로)×(세로)
- (정사각형의 넓이)
  ＝(한 변의 길이)×(한 변의 길이)

06 직사각형의 넓이는 몇 cm²입니까?

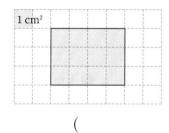

(   )

교과서 **유형**

07 직사각형의 넓이를 구하시오.

(1)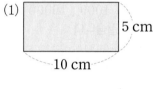
5 cm
10 cm

(   )

(2)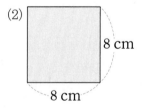
8 cm
8 cm

(   )

08 가로가 9 cm, 세로가 8 cm인 직사각형의 넓이는 몇 cm²인지 식을 쓰고 답을 구하시오.

식 _____

답 _____

익힘책 **유형**

[09~10] 직사각형을 보고 물음에 답하시오.

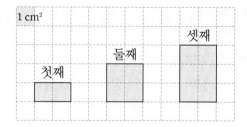
1 cm²
첫째 둘째 셋째

09 각 직사각형을 보고 표를 완성하시오.

직사각형	첫째	둘째	셋째
가로(cm)	2		
세로(cm)	1		
넓이(cm²)			

10 위와 같은 규칙으로 그린 직사각형을 보고 바르게 설명했으면 ○표, 틀리게 설명했으면 ×표 하시오.

가로가 같으므로 세로가 1 cm 길어지면 넓이는 1 cm²만큼 커집니다.

(   )

6

다각형의 둘레와 넓이

11 직사각형의 넓이가 72 cm²일 때 □ 안에 알맞은 수를 써넣으시오.

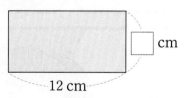
□ cm
12 cm

 해결의 창
• 직사각형의 넓이를 이용하여 가로 또는 세로 구하기
(직사각형의 넓이)＝(가로)×(세로)이므로 넓이와 가로를 알면 세로를 구할 수 있습니다.
정사각형은 가로와 세로가 같으므로 넓이를 알면 한 변의 길이를 알 수 있습니다.

개념 **파헤치기**

개념 5   1 cm²보다 더 큰 넓이의 단위를 알아볼까요(1)

개념 동영상

개념 체크

• 1 m² 알아보기
한 변의 길이가 1 m인 정사각형의 넓이를 1 m²라 쓰고
1 제곱미터라고 읽습니다.

$$1\,m^2 \quad 1\,m^2$$

1 m

1 m   1 m²

• cm²와 m²의 관계

1 m

1 m   100 cm

100 cm

$$1\,m^2 = 1\,m \times 1\,m$$
$$= 100\,cm \times 100\,cm$$
$$= 10000\,cm^2$$

우리는 서로 같아.

$$10000\,cm^2 = 1\,m^2$$

0이 4개 줄어듭니다.

❶ 한 변의 길이가 1 m인 정
사각형의 넓이를
(1 cm² , 1 m²)라고 씁
니다.

❷ 1 m²는
1 (제곱미터 , 제곱센티미
터)라고 읽습니다.

❸ 1 m²는
(1000 , 10000) cm²와
같습니다.

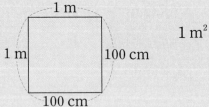

민주야! 현철아!
너희들 1 m²에 대해
알고 있니?

이렇게 한 변의
길이가 1 m인
정사각형의 넓이를
1 m²라고 하는
거란다.

1 m

1 m   1 m²

1 m=100 cm이니까
1 m²=10000 cm²가
되는 거 맞죠?

그렇지.

나는 1 m²를 만들려면
타일을 몇 개 붙여야
하는지 계산해 볼테니
너희는 떨어진 부분에
타일을 붙이거라.

그렇게 어딨어요.

개념 체크 정답   ❶ 1 m²에 ○표   ❷ 제곱미터에 ○표   ❸ 10000에 ○표

기본 문제 　　　　　　　　　　　　쌍둥이 문제

1-1 ☐ 안에 알맞은 수를 써넣으시오.

(1) $1 \text{ m}^2 = $ ☐ cm^2

(2) $4 \text{ m}^2 = $ ☐ cm^2

힌트 $1 \text{ m}^2 = 10000 \text{ cm}^2$

1-2 ☐ 안에 알맞은 수를 써넣으시오.

(1) $70000 \text{ cm}^2 = $ ☐ m^2

(2) $50000 \text{ cm}^2 = $ ☐ m^2

2-1 직사각형의 넓이를 구하여 ☐ 안에 알맞은 수를 써넣으시오.

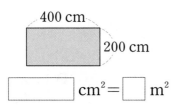

☐ $\text{cm}^2 = $ ☐ m^2

힌트 $10000 \text{ cm}^2 = 1 \text{ m}^2$

2-2 정사각형의 넓이를 구하여 ☐ 안에 알맞은 수를 써넣으시오.

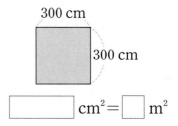

☐ $\text{cm}^2 = $ ☐ m^2

교과서 **유형**

3-1 직사각형의 넓이를 구하려고 합니다. 물음에 답하시오.

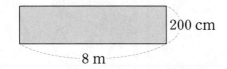

(1) 직사각형의 세로는 몇 m입니까?

(　　　　　　　　　)

(2) 직사각형의 넓이는 몇 m^2입니까?

(　　　　　　　　　)

힌트 세로를 몇 m로 고친 후 넓이를 구합니다.

3-2 나무 판의 넓이를 구하려고 합니다. 물음에 답하시오.

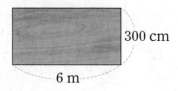

(1) 나무 판의 세로는 몇 m입니까?

(　　　　　　　　　)

(2) 나무 판의 넓이는 몇 m^2입니까?

(　　　　　　　　　)

개념 동영상

개념 6 1 cm²보다 더 큰 넓이의 단위를 알아볼까요 (2)

• 1 km² 알아보기
한 변의 길이가 1 km인 정사각형의 넓이를 1 km²라 쓰고 1 제곱킬로미터라고 읽습니다.

$$1\,km^2\ 1\,km^2$$

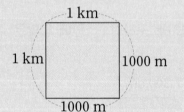
1 km
1 km² 1 km

• m²와 km²의 관계

1 km
1 km 1000 m
1000 m

$$1\,km^2 = 1\,km \times 1\,km$$
$$= 1000\,m \times 1000\,m$$
$$= 1000000\,m^2$$

0을 6개 만들어서 왔으니 km²가 될 수 있겠지!

$$1\,km^2 = 1000000\,m^2$$

개념 체크

❶ 한 변의 길이가 1 km인 정사각형의 넓이를 (1 m² , 1 km²)라고 씁니다.

❷ 1 km²를 1 (제곱킬로미터 , 제곱미터)라고 읽습니다.

❸ 1 km²는 (1000 , 1000000) m²와 같습니다.

애들아, 나는 계산 끝냈는데 너희는 다 붙였니?
이게 그렇게 쉬운 건 줄 아세요?

아빠, 올해도 할아버지의 과수원에서 과일 따는 것을 도와드릴 거죠?
물론이지!

과수원의 넓이가 얼마나 되는데?
한 변의 길이가 1 km인 정사각형 모양이니까 1 km²야.

1 km²는 몇 m²인 거지?

1 km²는 1000000 m²와 같아.
1 km² = 1000000 m²

너도 함께 과일 따는 것을 도와 줄거지?
그때 많이 아플 예정이야.

개념 체크 정답 ❶ 1 km²에 ○표 ❷ 제곱킬로미터에 ○표 ❸ 1000000에 ○표

• 정답은 35쪽

1-1 ☐ 안에 알맞은 수를 써넣으시오.

(1) $1 \text{ km}^2 = $ ☐ m^2

(2) $3 \text{ km}^2 = $ ☐ m^2

힌트) $1 \text{ km}^2 = 1000000 \text{ m}^2$입니다.

1-2 ☐ 안에 알맞은 수를 써넣으시오.

(1) $2000000 \text{ m}^2 = $ ☐ km^2

(2) $8000000 \text{ m}^2 = $ ☐ km^2

2-1 직사각형의 넓이를 구하여 ☐ 안에 알맞은 수를 써넣으시오.

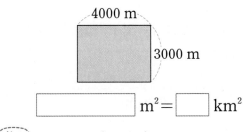

☐ $\text{m}^2 = $ ☐ km^2

힌트) $1000000 \text{ m}^2 = 1 \text{ km}^2$

2-2 직사각형의 넓이를 구하여 ☐ 안에 알맞은 수를 써넣으시오.

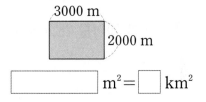

☐ $\text{m}^2 = $ ☐ km^2

교과서 유형

3-1 직사각형의 넓이를 구하려고 합니다. 물음에 답하시오.

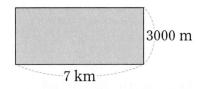

(1) 직사각형의 세로는 몇 km입니까?

(   )

(2) 직사각형의 넓이는 몇 km^2입니까?

(   )

힌트) 세로를 몇 km로 고친 후 넓이를 구합니다.

3-2 직사각형의 넓이를 구하려고 합니다. 물음에 답하시오.

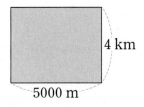

(1) 직사각형의 가로는 몇 km입니까?

(   )

(2) 직사각형의 넓이는 몇 km^2입니까?

(   )

6

다각형의 둘레와 넓이

개념 5 1 cm²보다 더 큰 넓이의 단위를 알아볼 까요(1)

한 변의 길이가 1 m인 정사각형의 넓이를 $1\,m^2$라 쓰고 1 제곱미터라고 읽습니다.

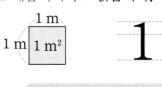

$$1\,m^2 = 10000\,cm^2$$

[01~02] 주어진 넓이를 쓰고 읽어 보시오.

01 $2\,m^2$

쓰기 _____

읽기 (   )

02 $5\,m^2$

쓰기 _____

읽기 (   )

교과서 **유형**

[03~04] □ 안에 알맞은 수를 써넣으시오.

03 $900000\,cm^2 = \boxed{}\,m^2$

04 $15\,m^2 = \boxed{}\,cm^2$

05 직사각형의 넓이를 구하여 □ 안에 알맞은 수를 써 넣으시오.

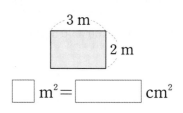

$\boxed{}\,m^2 = \boxed{}\,cm^2$

익힘책 **유형**

06 직사각형의 넓이는 몇 m^2인지 구하시오.

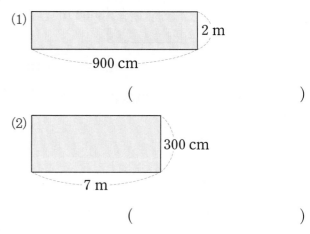

(1) 900 cm / 2 m

(   )

(2) 300 cm / 7 m

(   )

07 가로가 500 cm, 세로가 300 cm인 직사각형 모양의 벽에 타일을 붙이고 있습니다. 이 벽의 넓이는 몇 m^2입니까?

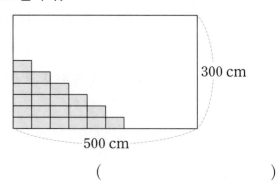

(   )

개념 6 1 cm²보다 더 큰 넓이의 단위를 알아볼까요(2)

한 변의 길이가 1 km인 정사각형의 넓이를 1 km²라 쓰고 1 제곱킬로미터라고 읽습니다.

$$1 km^2 = 1000000 m^2$$

[08~09] 주어진 넓이를 쓰고 읽어 보시오.

08 4 km²

쓰기 _____

읽기 (   )

09 6 km²

쓰기 _____

읽기 (   )

교과서 유형
10 서울특별시와 부산광역시의 넓이를 m²와 km²로 나타내어 보시오.

지역	넓이(m²)	넓이(km²)
서울특별시		605
부산광역시	770000000	

11 직사각형의 넓이는 몇 km²인지 구하시오.

(1)
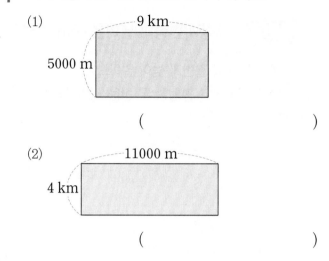

(   )

(2)

(   )

익힘책 유형
12 보기 에서 알맞은 단위를 골라 □ 안에 써넣으시오.

보기
m²   cm²   km²

(1) 교실의 넓이는 약 60 □ 입니다.

(2) 제주특별자치도의 넓이는 약 1850 □ 입니다.

13 가장 넓은 것부터 차례로 기호를 쓰시오.

ㄱ 5 km²
ㄴ 14000000 m²
ㄷ 70000000000 cm²

(   )

6

다각형의 둘레와 넓이

해결의 창
• km², m², cm² 관계 알아보기
1 km² = 1000000 m², 1 m² = 10000 cm²이므로 1 km² = 10000000000 cm²입니다.
예 3 km² = 30000000000 cm²

개념 7 평행사변형의 넓이를 구해 볼까요

개념 동영상

- 평행사변형의 밑변과 높이 알아보기
평행사변형에서 평행한 두 변을 밑변이라 하고, 두 밑변 사이의 거리를 높이라고 합니다.

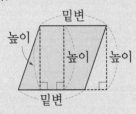 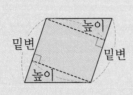 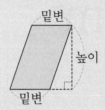

- 평행사변형의 넓이 구하기

$$(평행사변형의 넓이) = (밑변의 길이) \times (높이)$$

(예)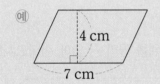

(평행사변형의 넓이)
$$= 7 \times 4 = 28 \,(\text{cm}^2)$$

모양은 다르더라도 밑변의 길이와 높이가 같아서 넓이가 같아.

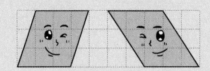

개념 체크

❶ 평행사변형에서 평행한 두 밑변 사이의 거리를 (높이 , 평행)(이)라고 합니다.

❷ (평행사변형의 넓이)
$$= (\boxed{}의 길이)$$
$$\times (높이)$$

어? 아저씨~ 평행사변형 모양 타일도 있네요.

타일 가게 주인이 서비스로 주더구나.

그런데 평행사변형의 넓이는 어떻게 구하죠?

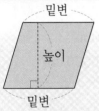

(평행사변형의 넓이)
= (밑변의 길이) × (높이)

평행사변형의 밑변의 길이와 높이를 알면 넓이를 구할 수 있지.

평행사변형 모양 타일은 딱히 붙일 데가 없을 것 같은데요?

무슨 소리!

자~ 보렴. 음식 접시로 훌륭하잖아.

이게 뭐예요!

개념 체크 정답 ❶ 높이에 ○표 ❷ 밑변

1-1 평행사변형의 높이를 나타내시오.

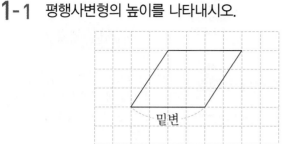

밑변

힌트) 평행사변형에서 두 밑변 사이의 거리를 높이라고 합니다.

1-2 평행사변형의 높이를 나타내시오.

밑변

교과서 유형

2-1 1 cm²를 이용하여 평행사변형의 넓이를 구하려고 합니다. 물음에 답하시오.

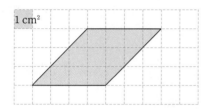

1 cm²

(1) ◿ 모양이 6개 모이면 1 cm² 몇 개와 같습니까?

(   )

(2) 평행사변형의 넓이는 몇 cm²입니까?

(   )

2-2 다음과 같이 평행사변형을 자른 다음 직사각형으로 만들었습니다. 물음에 답하시오.

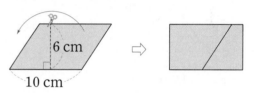

6 cm
10 cm

(1) 만들어진 직사각형의 넓이는 몇 cm²입니까?

(   )

(2) 평행사변형의 넓이는 몇 cm²입니까?

(   )

교과서 유형

3-1 평행사변형의 넓이는 몇 cm²입니까?

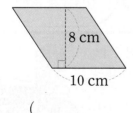

8 cm
10 cm

(   )

힌트) (평행사변형의 넓이)=(밑변의 길이)×(높이)

3-2 평행사변형의 넓이는 몇 cm²입니까?

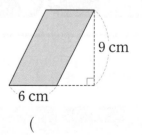

9 cm
6 cm

(   )

6

다각형의 둘레와 넓이

개념 **8** 삼각형의 넓이를 구해 볼까요

개념 동영상

- 삼각형의 밑변과 높이 알아보기
  삼각형의 한 변을 밑변이라고 하면, 밑변과 마주 보는 꼭짓점에서 밑변에 수직으로 그은 선분의 길이를 높이라고 합니다.

- 삼각형의 넓이 구하기

$$(삼각형의\ 넓이) = (밑변의\ 길이) \times (높이) \div 2$$

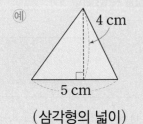

(삼각형의 넓이)
$$= 5 \times 4 \div 2 = 10\ (cm^2)$$

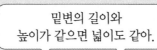
밑변의 길이와
높이가 같으면 넓이도 같아.

개념 체크

❶ 삼각형의 밑변과 마주 보는 꼭짓점에서 밑변에 수직으로 그은 선분의 길이를 (높이 , 밑변의 길이)라고 합니다.

❷ (삼각형의 넓이)
= (밑변의 길이)
　　× (높이) ÷ ☐

개념 체크 정답 ❶ 높이에 ◯표 ❷ 2

기본 문제   쌍둥이 문제

1-1 삼각형의 높이를 나타내시오.

밑변

힌트   삼각형의 밑변과 마주 보는 꼭짓점에서 밑변에 수직으로 그은 선분의 길이를 높이라고 합니다.

교과서 유형

2-1 평행사변형의 넓이를 이용하여 삼각형의 넓이를 구하려고 합니다. □ 안에 알맞은 수를 써넣으시오.

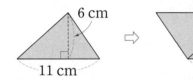

(삼각형의 넓이)

$=$(만들어진 평행사변형의 넓이)$\div 2$

$=11\times\boxed{}\div 2$

$=\boxed{}$ (cm^2)

힌트   삼각형의 넓이는 만들어진 평행사변형의 넓이의 반입니다.

교과서 유형

3-1 삼각형의 넓이는 몇 cm^2입니까?

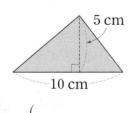

5 cm

10 cm

(   )

힌트   (삼각형의 넓이)$=$(밑변의 길이)$\times$(높이)$\div 2$

1-2 삼각형의 높이를 나타내시오.

밑변

2-2 삼각형을 자른 후 붙여서 평행사변형을 만들었습니다. 물음에 답하시오.

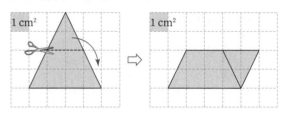

1 cm²   1 cm²

(1) 만들어진 평행사변형의 높이는 몇 cm입니까?

(   )

(2) 만들어진 평행사변형의 넓이는 몇 cm^2입니까?

(   )

(3) 삼각형의 넓이는 몇 cm^2입니까?

(   )

3-2 삼각형의 넓이는 몇 cm^2입니까?

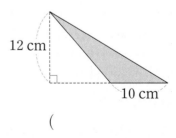

12 cm

10 cm

(   )

6
다각형의 둘레와 넓이

개념 7 평행사변형의 넓이를 구해 볼까요

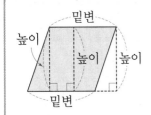

• 밑변: 평행사변형에서 평행한 두 변
• 높이: 두 밑변 사이의 거리

(평행사변형의 넓이) = (밑변의 길이) × (높이)

01 평행사변형에서 변 ㄱㄴ을 밑변으로 할 때 높이는 몇 cm입니까?

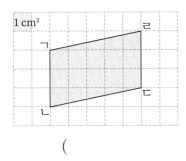

( )

익힘책 **유형**

02 평행사변형을 잘라서 직사각형을 만들었습니다. 보기 에서 알맞은 말을 골라 □ 안에 써넣으시오.

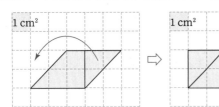

보기
삼각형   직사각형   가로   높이

(평행사변형의 넓이)
= (만들어진 [   ]의 넓이)
= (직사각형의 가로) × (직사각형의 세로)
= (평행사변형의 밑변의 길이)
          × (평행사변형의 [   ])

교과서 **유형**

03 평행사변형의 넓이는 몇 m²입니까?

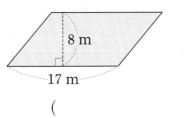

( )

04 가, 나, 다 중 평행사변형의 넓이가 <u>다른</u> 하나를 찾아 기호를 쓰시오.

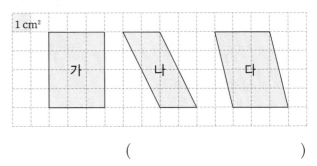

( )

05 밑변의 길이가 9 cm, 높이가 12 cm인 평행사변형 모양의 색종이가 있습니다. 이 색종이의 넓이를 구하는 식을 쓰고 답을 구하시오.

식 _____

답 _____

06 평행사변형에서 □ 안에 알맞은 수를 써넣으시오.

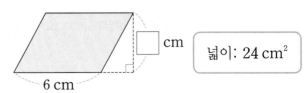

개념 8 삼각형의 넓이를 구해 볼까요

• 높이: 밑변과 마주 보는 꼭짓점에서 밑변에 수직으로 그은 선분의 길이

(삼각형의 넓이)＝(밑변의 길이)×(높이)÷2

07 삼각형에서 변 ㄴㄷ을 밑변으로 할 때 높이를 나타내는 선분을 찾아 기호를 쓰시오.

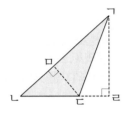

㉠ 선분 ㄱㄴ
㉡ 선분 ㄱㄷ
㉢ 선분 ㄱㄹ

(   )

교과서 유형

[08~09] 삼각형의 넓이를 구하시오.

08

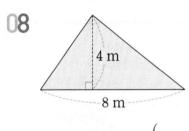

(   )

09

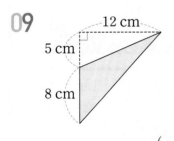

(   )

[10~11] 삼각형을 보고 물음에 답하시오.

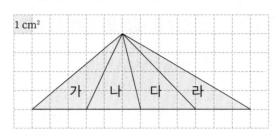

10 각 삼각형의 넓이를 구해 표를 완성하시오.

삼각형	가	나	다	라
넓이(cm²)				

11 알맞은 말에 ○표 하시오.

삼각형 가, 나, 다, 라의 밑변의 길이와 높이가 같으므로 넓이는 (같습니다 , 다릅니다).

12 □ 안에 알맞은 수를 써넣으시오.

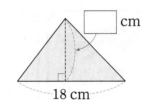

넓이: 90 cm²

13 가와 나 중 넓이가 더 넓은 삼각형을 찾아 쓰시오.

가 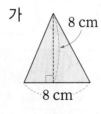 나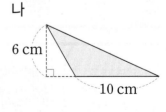

(   )

• 삼각형의 넓이를 이용하여 밑변의 길이 또는 높이 구하기
삼각형의 넓이와 밑변의 길이가 주어지고 높이를 구할 때 (높이)＝(넓이)×2÷(밑변의 길이)를 이용하여 구합니다.
이때 ×2를 빠뜨리지 않도록 주의합니다.

개념 9 마름모의 넓이를 구해 볼까요

개념 동영상

- 마름모의 대각선 알아보기

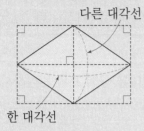
다른 대각선
한 대각선

마름모의 두 대각선의 길이는 각각 마름모를 둘러싸고 있는 직사각형의 가로, 세로와 같습니다.

- 마름모의 넓이 구하기

(마름모의 넓이)＝(한 대각선의 길이)×(다른 대각선의 길이)÷2

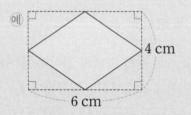
4 cm
6 cm

(마름모의 넓이)
$=6 \times 4 \div 2 = 12 \ (\mathrm{cm}^2)$

나 마름모의 넓이는 나를 둘러싼 직사각형의 넓이의 반이야.

개념 체크

❶ (마름모의 넓이)
＝(한 대각선의 길이)
×(다른 대각선의 길이)
÷ ▢

❷ 마름모의 넓이는 마름모를 둘러싸고 있는 직사각형의 넓이의 (반 , 2배)입니다.

아저씨, 죄송해요. 선글라스 구경하다 넘어졌는데 마름모 모양 선글라스가 부서졌어요.

마름모?

마름모 모양인 안경알의 넓이를 구해 볼까?

(마름모의 넓이)
＝(한 대각선의 길이)
×(다른 대각선의 길이)÷2

음~

그러면 다른 선글라스를 주마. 어디에 뒀더라.

뒤적~ 뒤적~

아, 아니요! 아저씨! 안 주셔도 돼요!

그, 그래. 알았다. 잠시 나갔다 오마.

아빠……

아파트 벼룩시장

자~ 자~ 유럽에서 사 온 선글라스를 싸게 팝니다!

아이고~

개념 체크 정답 ❶ 2 ❷ 반에 ○표

1-1 삼각형으로 잘라서 마름모의 넓이를 구하려고 합니다. □ 안에 알맞은 수를 써넣으시오.

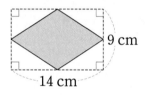

(마름모의 넓이)

= (만들어진 평행사변형의 넓이)

= 10 × □ ÷ 2

= □ (cm²)

힌트 만들어진 평행사변형의 밑변의 길이는 마름모의 한 대각선의 길이와 같고, 높이는 다른 대각선의 길이의 반과 같습니다.

1-2 삼각형으로 잘라서 마름모의 넓이를 구하려고 합니다. □ 안에 알맞은 수를 써넣으시오.

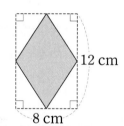

(1) 만들어진 평행사변형의 밑변의 길이가 13 cm일 때 높이는 몇 cm입니까?

( )

(2) 마름모의 넓이는 몇 cm²입니까?

( )

교과서 유형

2-1 직사각형의 넓이를 이용하여 마름모의 넓이를 구하려고 합니다. □ 안에 알맞은 수를 써넣으시오.

(마름모의 넓이)

= (직사각형의 넓이) ÷ 2

= □ × □ ÷ 2 = □ (cm²)

힌트 마름모의 넓이는 마름모를 둘러싸고 있는 직사각형의 넓이의 반입니다.

2-2 직사각형의 넓이를 이용하여 마름모의 넓이를 구하려고 합니다. 물음에 답하시오.

(1) 직사각형의 넓이는 마름모 넓이의 몇 배입니까?

( )

(2) 마름모의 넓이는 몇 cm²입니까?

( )

3-1 마름모의 넓이는 몇 cm²입니까?

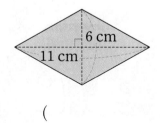

( )

힌트 (마름모의 넓이)
= (한 대각선의 길이) × (다른 대각선의 길이) ÷ 2

3-2 오른쪽 마름모의 넓이는 몇 cm²입니까?

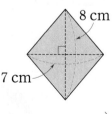

( )

개념 10 사다리꼴의 넓이를 구해 볼까요

개념 동영상

- 사다리꼴의 밑변과 높이 알아보기

  사다리꼴에서 평행한 두 변을 밑변이라 하고, 한 밑변을 윗변, 다른 밑변을 아랫변이라고 합니다. 이때 두 밑변 사이의 거리를 높이라고 합니다.

  윗변 / 높이 / 아랫변

- 사다리꼴의 넓이 구하기

  (사다리꼴의 넓이) = {(윗변의 길이) + (아랫변의 길이)} × (높이) ÷ 2

  예

  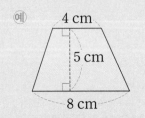
  4 cm / 5 cm / 8 cm

  (사다리꼴의 넓이)
  $= (4+8) \times 5 \div 2$
  $= 12 \times 5 \div 2 = 30 \ (\text{cm}^2)$

  내 넓이는 나와 똑같은 사다리꼴 2개를 붙여 만든 평행사변형의 넓이의 반이야!

  의 반

개념 체크

❶ 사다리꼴에서 두 밑변 사이의 거리를 (밑변의 길이 , 높이)라고 합니다.

❷ (사다리꼴의 넓이)
  = {(윗변의 길이) + (아랫변의 길이)}
  × (높이) ÷ □

몇 시간째 한 개도 못 팔았네. 이렇게 장사가 안 되다니…….

당연하지 않을까요?

거참, 안 되겠다. 물물교환이라도 해야지.

안녕하세요? 사다리꼴 아저씨! 선글라스와 책을 바꿉시다.

네~ 좋아요. 내 얼굴의 넓이를 구할 수 있으면 바꾸겠소.

책 팝니다

그 정도야 식은 죽 먹기죠. 이렇게 구할 수 있습니다. 짠~

(사다리꼴의 넓이)
= {(윗변의 길이) + (아랫변의 길이)}
× (높이) ÷ 2

$(10+18) \times 12 \div 2$
$= 28 \times 12 \div 2$
$= 168 \ (\text{cm}^2)$

10 cm / 12 cm / 18 cm

사다리꼴 모양의 선글라스가 마음에 쏙 드는군. 책과 바꿉시다.

만세! 드디어 선글라스가 주인을 만났네요.

개념 체크 정답 ❶ 높이에 ○표 ❷ 2

1-1 □ 안에 알맞은 말을 써넣으시오.

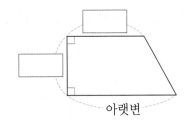

아랫변

(힌트) 사다리꼴에서 평행한 두 변을 밑변이라 하고, 한 밑변을 윗변, 다른 밑변을 아랫변이라고 합니다.

1-2 □ 안에 알맞은 말을 써넣으시오.

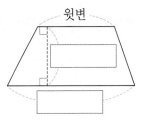

윗변

교과서 **유형**

2-1 모양과 크기가 같은 사다리꼴 2개를 붙여서 평행사변형을 만들었습니다. □ 안에 알맞은 수를 써넣으시오.

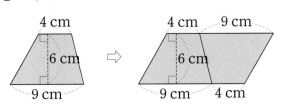

(사다리꼴의 넓이)

= (만들어진 평행사변형의 넓이) ÷ 2

= (4 + □) × □ ÷ 2

= □ (cm²)

(힌트) 사다리꼴의 넓이는 만들어진 평행사변형의 넓이의 반입니다.

2-2 사다리꼴을 잘라서 평행사변형을 만들었습니다. 물음에 답하시오.

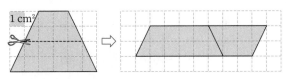

(1) 만들어진 평행사변형의 밑변의 길이와 높이는 각각 몇 cm입니까?

밑변의 길이 (　　　　　)

높이 (　　　　　)

(2) 사다리꼴의 넓이는 몇 cm²입니까?

(　　　　　)

교과서 **유형**

3-1 사다리꼴의 넓이는 몇 cm²입니까?

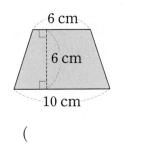

(　　　　　)

(힌트) (사다리꼴의 넓이)
= {(윗변의 길이) + (아랫변의 길이)} × (높이) ÷ 2

3-2 사다리꼴의 넓이는 몇 cm²입니까?

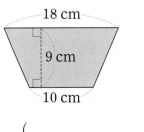

(　　　　　)

6

다각형의 둘레와 넓이

개념 9 마름모의 넓이를 구해 볼까요

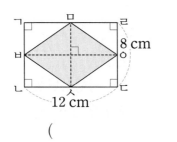

(마름모의 넓이)
=(한 대각선의 길이)×(다른 대각선의 길이)÷2

01 사각형 ㄱㄴㄷㄹ은 직사각형입니다. 마름모 ㅁㅂㅅㅇ의 넓이를 구하시오.

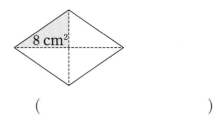

( )

02 색칠한 삼각형의 넓이는 8 cm²입니다. 마름모의 넓이는 몇 cm²입니까?

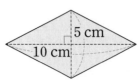

( )

교과서 **유형**

03 오른쪽 마름모의 넓이는 몇 cm²인지 식을 쓰고 답을 구하시오.

식

답

04 마름모의 넓이는 몇 cm²입니까?

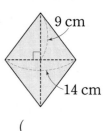

( )

05 두 마름모의 넓이의 합을 구하시오.

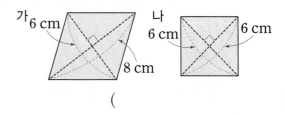

( )

06 마름모에서 □ 안에 알맞은 수를 써넣으시오.

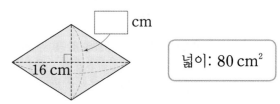

넓이: 80 cm²

익힘책 **유형**

07 주어진 마름모와 넓이가 같고 모양이 다른 마름모를 1개 그려 보시오.

개념 10 사다리꼴의 넓이를 구해 볼까요

• 밑변: 사다리꼴에서 평행한
  두 변
• 높이: 두 밑변 사이의 거리

(사다리꼴의 넓이)
={(윗변의 길이)+(아랫변의 길이)}×(높이)÷2

08 사다리꼴에서 높이는 몇 cm입니까?

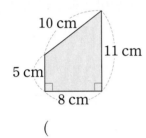

(   )

09 모양과 크기가 같은 사다리꼴 2개를 이어 붙여 그림과 같은 평행사변형을 만들었습니다. 사다리꼴 ㄱㄴㄷㄹ의 넓이는 몇 cm²입니까?

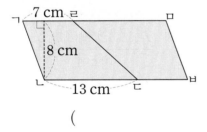

(   )

교과서 **유형**

10 사다리꼴의 넓이는 몇 m²입니까?

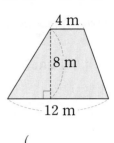

(   )

11 삼각형 가와 나의 넓이를 구한 후 사다리꼴의 넓이를 구하시오.

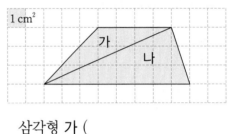

삼각형 가 (   )

삼각형 나 (   )

사다리꼴 (   )

익힘책 **유형**

12 ☐ 안에 알맞은 수를 써넣으시오.

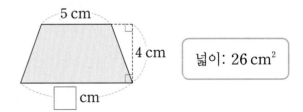

넓이: 26 cm²

해결의 창

• **도형의 넓이 구하는 식을 이용하여 모르는 수 구하기**
  도형의 넓이 구하는 식을 이용하여 모르는 것을 구할 수 있습니다.

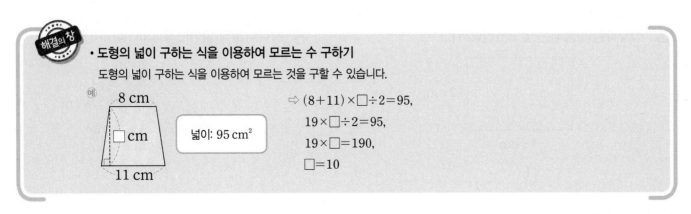

예   넓이: 95 cm²

⇨ (8+11)×☐÷2=95,
  19×☐÷2=95,
  19×☐=190,
  ☐=10

6 다각형의 둘레와 넓이

01 □ 안에 알맞게 써넣으시오.

> 한 변의 길이가 1 cm인 정사각형의 넓이를
> [　　　]라 쓰고 [　　　　　　　　　　]라고
> 읽습니다.

02 도형에서 밑변이 다음과 같을 때 높이를 나타내는 것을 찾아 기호를 쓰시오.

(1) 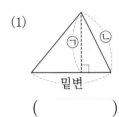　　(2)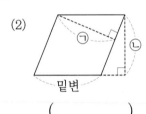

(　　　　)　　(　　　　)

03 □ 안에 알맞은 수를 써넣으시오.

(1) $40000 \text{ cm}^2 = \boxed{} \text{ m}^2$

(2) $8 \text{ km}^2 = \boxed{} \text{ m}^2$

04 직사각형의 둘레는 몇 cm입니까?

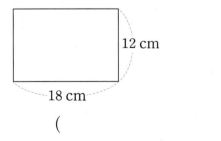

(　　　　　　)

05 정오각형의 둘레는 몇 cm입니까?

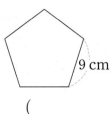

(　　　　　　)

06 정사각형의 넓이는 몇 cm^2입니까?

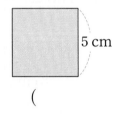

(　　　　　　)

07 평행사변형의 넓이는 몇 cm^2입니까?

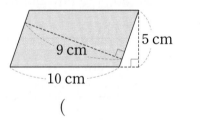

(　　　　　　)

08 사다리꼴의 넓이는 몇 cm^2입니까?

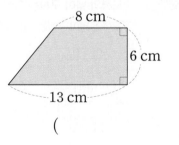

(　　　　　　)

09 직사각형의 넓이는 몇 km²입니까?

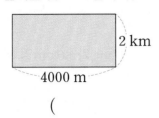

2 km
4000 m

(   )

10 마름모의 넓이는 몇 cm²입니까?

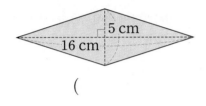

5 cm
16 cm

(   )

11 ☐ 안에 알맞은 수를 써넣으시오.

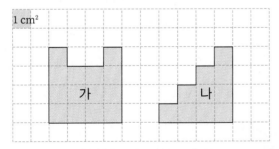

1 cm²
가   나

도형 가는 도형 나보다 넓이가 ☐ cm² 더 넓습니다.

12 가, 나, 다 중 삼각형의 넓이가 <u>다른</u> 하나를 찾아 기호를 쓰시오.

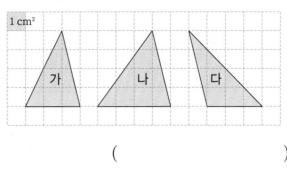

1 cm²
가   나   다

(   )

13 넓이가 12 cm²인 평행사변형을 서로 다른 모양으로 2개 그려 보시오.

1 cm²

14 평행사변형에서 ☐ 안에 알맞은 수를 써넣으시오.

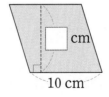

☐ cm
10 cm

넓이: 90 cm²

15 사다리꼴에서 ☐ 안에 알맞은 수를 써넣으시오.

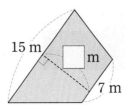

15 m
☐ m
7 m

넓이: 88 m²

· 정답은 39쪽

16 삼각형을 자른 후 이어 붙여서 넓이를 구하는 방법입니다. ☐ 안에 알맞게 써넣으시오.

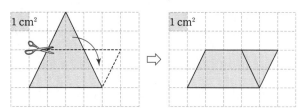

잘라낸 위쪽 삼각형을 오른쪽으로 돌려 붙이면

☐ 이 됩니다.

평행사변형의 높이는 삼각형 높이의 $\dfrac{1}{\square}$ 이므

로 삼각형의 넓이는

(밑변의 길이) × (삼각형의 ☐) ÷ 2입니다.

17 도형 가와 나 중에서 어느 도형의 넓이가 몇 cm^2 더 넓습니까?

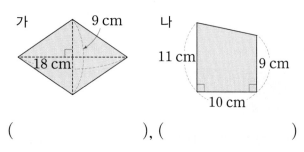

(   ), (   )

18 체코의 국기는 삼각형 1개와 모양과 크기가 같은 사다리꼴 2개로 이루어져 있습니다. 다음은 은서가 그린 체코 국기입니다. 흰색과 빨간색 사다리꼴의 넓이의 합은 몇 cm^2입니까?

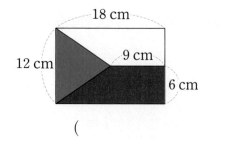

(   )

19 ❶직사각형의 둘레가 30 cm일 때 ❷넓이는 몇 cm^2 입니까?

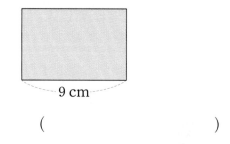

(   )

해결의 법칙

❶ 직사각형의 둘레를 이용하여 세로를 구합니다.

❷ 직사각형의 넓이 구하는 식을 이용하여 넓이를 구합니다.

20 ❶한 변의 길이가 12 cm인 정육각형과 ❷정구각형의 둘레가 같을 때 ☐ 안에 알맞은 수를 써넣으시오.

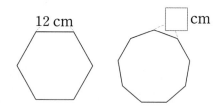

해결의 법칙

❶ 정육각형의 둘레를 구합니다.

❷ 정구각형의 한 변의 길이를 구합니다.

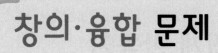

창의·융합 문제

• 정답은 39쪽

1 사각형 ㄱㄴㄷㄹ의 넓이를 구하려고 합니다. 물음에 답하시오.

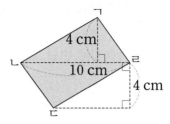

(1) 삼각형 ㄱㄴㄹ의 넓이는 몇 cm²입니까?

(   )

(2) 삼각형 ㄴㄷㄹ의 넓이는 몇 cm²입니까?

(   )

(3) 사각형 ㄱㄴㄷㄹ의 넓이는 몇 cm²입니까?

(   )

2 색칠한 부분의 넓이를 구하려고 합니다. 물음에 답하시오.

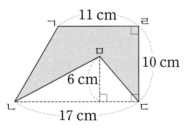

(1) 사다리꼴 ㄱㄴㄷㄹ의 넓이는 몇 cm²입니까?

(   )

(2) 삼각형 ㅁㄴㄷ의 넓이는 몇 cm²입니까?

(   )

(3) 색칠한 부분의 넓이는 몇 cm²입니까?

(   )

6

다각형의 둘레와 넓이

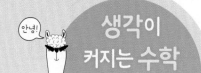

둘레가 가장 짧게 만들기

한 변의 길이가 1 cm인 정사각형 4개를 겹치지 않게 이어 붙여 둘레가 가장 짧은 도형을 만들어 보아요.

정사각형을 겹치지 않게 이어 붙일 때 포개어지는 변의 개수가 많을수록 둘레가 짧아집니다. 정사각형을 여러 개 이어 붙일 때, 한 줄로 길게 붙이는 것 (　　　　　　　)보다 정사각형의 모양에 가깝게 만들면 (　　　　) 포개어지는 변의 개수를 늘릴 수 있겠죠?

⇨ 둘레: $(4+1) \times 2 = 10$ (cm)

⇨ 둘레: $(2+2) \times 2 = 8$ (cm)

한 변의 길이가 1 cm인 정육각형 5개를 겹치지 않게 이어 붙여 둘레가 가장 짧은 도형을 만들어 보고, 그 둘레를 구해 보세요.

포개어지는 변이 7개일 때 둘레가 가장 짧습니다.

⇨ 둘레: ☐ cm

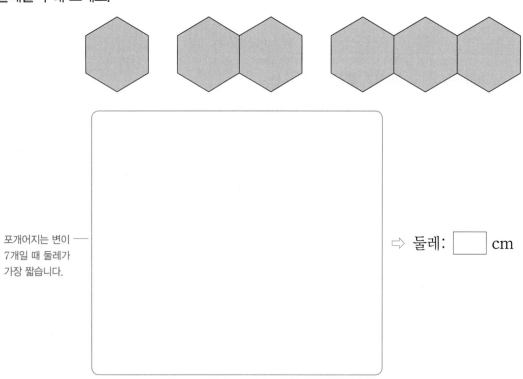

나는 그 누구보다도 실수를 많이 한다.
그리고 그 실수들 대부분에서
특허를 받아낸다.

I make more mistakes than anybody
and get a patent from those mistakes.

토마스 에디슨

실수는 '이제 난 안돼, 끝났어'라는 의미가 아니에요.
성공에 한 발자국 가까이 다가갔으니, 더 도전해보면 성공할 수 있다는
메시지랍니다. 그러니 실수를 두려워하지 마세요.

모든 개념을
다 보는
해결의 법칙

개념 해결의 법칙

꼼꼼
풀이집

수학

5·1

천재교육

꼼꼼 풀이집

5-1

5~6학년군 수학①

1 자연수의 혼합 계산

STEP 1 개념 파헤치기

11쪽

1-1 (1) (계산 순서대로)
15, 27, 27
(2) (계산 순서대로)
17, 3, 3

2-1 (1) $47-18+7=36$
① ②
(2) $32-(15+9)=8$
① ②

3-1 14

1-2 (1) (계산 순서대로)
22, 36, 36
(2) (계산 순서대로)
22, 8, 8

2-2 (1) $41+3-15=29$
① ②
(2) $53-(12+4)=37$
① ②

3-2 12

13쪽

1-1 (1) (계산 순서대로)
7, 63, 63
(2) (계산 순서대로)
9, 72, 72

2-1 (1) $40\div8\times3=15$
① ②
(2) $54\div(2\times9)=3$
① ②

3-1 (1) 27
(2) 3

1-2 (1) (계산 순서대로)
48, 8, 8
(2) (계산 순서대로)
8, 4, 4

2-2 (1) $14\times3\div7=6$
① ②
(2) $8\times(15\div3)=40$
① ②

3-2 (1) 20
(2) 5

15쪽

1-1 ( )(○)
2-1 (1) (계산 순서대로)
64, 77, 52, 52
(2) (계산 순서대로)
3, 9, 16, 16
3-1 <

1-2 (○)( )
2-2 (1) (계산 순서대로)
14, 29, 15, 15
(2) (계산 순서대로)
13, 26, 24, 24
3-2 >

11쪽

1-1 (1) $20-5+12=27$
① 15
② 27
(2) $20-(5+12)=3$
① 17
② 3

1-2 (1) $30-8+14=36$
① 22
② 36
(2) $30-(8+14)=8$
① 22
② 8

2-1 (1) $47-18+7=36$
① 29
② 36
(2) $32-(15+9)=8$
① 24
② 8

2-2 (1) $41+3-15=29$
① 44
② 29
(2) $53-(12+4)=37$
① 16
② 37

3-1 덧셈과 뺄셈이 섞여 있고 ( )가 있는 식의 계산 순서를 생각합니다.
$51-(30+7)=51-37=14$

3-2 $45-(9+24)=45-33=12$

13쪽

1-1 (1) $35\div5\times9=63$
① 7
② 63
(2) $8\times(27\div3)=72$
① 9
② 72

1-2 (1) $12\times4\div6=8$
① 48
② 8
(2) $32\div(2\times4)=4$
① 8
② 4

2-1 (1) $40\div8\times3=15$
① 5
② 15
(2) $54\div(2\times9)=3$
① 18
② 3

2-2 (1) $14\times3\div7=6$
① 42
② 6
(2) $8\times(15\div3)=40$
① 5
② 40

3-1 (1) $36\div4\times3=9\times3=27$
(2) $36\div(4\times3)=36\div12=3$

3-2 (1) $60\div6\times2=10\times2=20$
(2) $60\div(6\times2)=60\div12=5$

15쪽

1-1 덧셈, 뺄셈, 곱셈이 섞여 있는 식은 곱셈을 먼저 계산합니다.

1-2 주의
> 덧셈, 뺄셈, 곱셈이 섞여 있는 식은 앞에서부터 차례로 계산하면 안 됩니다.

2-1 (1) 곱셈을 먼저 계산합니다.
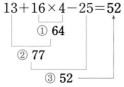

(2) ( ) 안을 먼저 계산합니다.
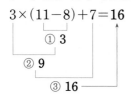

2-2 (1) 곱셈을 먼저 계산합니다.
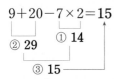

(2) ( ) 안을 먼저 계산합니다.
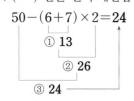

3-1 생각 열기 ( )가 없는 식과 ( )가 있는 식의 계산 순서를 생각합니다.

$25+10-3\times7=25+10-21=35-21=14$

$25+(10-3)\times7=25+7\times7=25+49=74$

⇨ $14<74$

3-2 괄호가 없을 때: $\times$ ⇨ $-$ ⇨ $+$ 의 순서로 계산합니다.

$41-8+4\times3=41-8+12=33+12=45$

괄호가 있을 때: ( ) ⇨ $\times$ ⇨ $-$ 의 순서로 계산합니다.

$41-(8+4)\times3=41-12\times3=41-36=5$

⇨ $45>5$

STEP 2 개념 확인하기

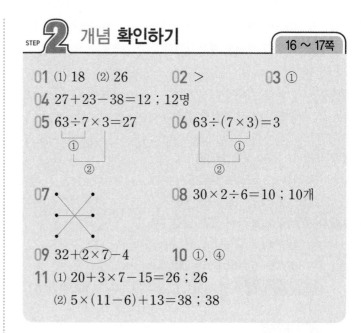

01 (1) 18 (2) 26   **02** >   **03** ①
04 $27+23-38=12$; 12명
05 $63\div7\times3=27$ **06** $63\div(7\times3)=3$
07 (선잇기)   **08** $30\times2\div6=10$; 10개
09 $32+\boxed{2\times7}-4$ **10** ①, ④
11 (1) $20+3\times7-15=26$; 26
　　(2) $5\times(11-6)+13=38$; 38

01 (1) $30+5-17=18$ (2) $46-(12+8)=26$
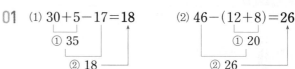

02 생각 열기 ( )가 없을 때와 있을 때의 계산 순서를 생각하여 계산합니다.
$40-10+7=30+7=37$
$40-(10+7)=40-17=23$
⇨ $37>23$

03 ① $16+(27-4)=16+23=39$
　　$16+27-4=43-4=39$
② $35-(2+19)=35-21=14$
　　$35-2+19=33+19=52$
③ $48-(32-15)=48-17=31$
　　$48-32-15=16-15=1$
④ $29-(11+17)=29-28=1$
　　$29-11+17=18+17=35$
⑤ $52-(21+31)=52-52=0$
　　$52-21+31=31+31=62$

04 (체육복을 입지 않은 학생 수)
＝(남학생 수)＋(여학생 수)－(체육복을 입은 학생 수)
＝$27+23-38=50-38=12$(명)

서술형 가이드 혼합 계산식을 쓰고 계산할 수 있는지 확인합니다.

채점 기준	
상	식 $27+23-38=12$를 쓰고 답을 바르게 구했음.
중	식 $27+23-38$만 씀.
하	식을 쓰지 못함.

05 곱셈과 나눗셈이 섞여 있는 식은
앞에서부터 차례로 계산합니다.

$63 \div 7 \times 3 = 27$
① 9
② 27

06 ( )가 있는 식에서는
( ) 안을 먼저 계산합니다.

$63 \div (7 \times 3) = 3$
① 21
② 3

07 $56 \div 8 \times 5 = 7 \times 5 = 35$
$5 \times 10 \div 2 = 50 \div 2 = 25$
$90 \div (2 \times 3) = 90 \div 6 = 15$

08 (한 바구니에 들어 있는 달걀 수)
= (한 판의 달걀 수) × (판 수) ÷ (바구니 수)
= $30 \times 2 \div 6 = 60 \div 6 = 10$(개)

서술형 가이드 혼합 계산식을 쓰고 계산할 수 있는지 확인합니다.

채점 기준

상	식 $30 \times 2 \div 6 = 10$을 쓰고 답을 바르게 구했음.
중	식 $30 \times 2 \div 6$만 씀.
하	식을 쓰지 못함.

09 덧셈, 뺄셈, 곱셈이 섞여 있는 식은 곱셈을 먼저 계산합니다.

$32 + 2 \times 7 - 4 = 42$
① 14
② 46
③ 42

10 $50 - 8 \times 4 + 9 = 27$
32
18
27

$(50 - 8) \times 4 + 9 = 177$
42
168
177

11 ⑴ $20 + 3 \times 7 - 15 = 20 + 21 - 15 = 41 - 15 = 26$

서술형 가이드 혼합 계산식을 쓰고 계산할 수 있는지 확인합니다.

채점 기준

상	식 $20 + 3 \times 7 - 15 = 26$을 쓰고 답을 바르게 구했음.
중	식 $20 + 3 \times 7 - 15$만 씀.
하	식을 쓰지 못함.

⑵ $5 \times (11 - 6) + 13 = 5 \times 5 + 13 = 25 + 13 = 38$

서술형 가이드 혼합 계산식을 쓰고 계산할 수 있는지 확인합니다.

채점 기준

상	식 $5 \times (11 - 6) + 13 = 38$을 쓰고 답을 바르게 구했음.
중	식 $5 \times (11 - 6) + 13$만 씀.
하	식을 쓰지 못함.

STEP 1 개념 파헤치기 18 ~ 21쪽

19쪽

1-1 $54 - 42 \div 6 + 8$

1-2 ⑴ $9 - 2 + 48 \div 12$
⑵ $30 - (21 + 14) \div 7$

2-1 ⑴ (계산 순서대로)
4, 28, 24, 24
⑵ (계산 순서대로)
60, 5, 14, 14

2-2 ⑴ (계산 순서대로)
3, 35, 30, 30
⑵ (계산 순서대로)
9, 6, 4, 4

3-1 ㉠

3-2 ㉡

21쪽

1-1 ㉡, ㉢, ㉠, ㉣

1-2 ㉠, ㉣, ㉡, ㉢

2-1 $56 \div (5 + 9) \times 12 - 30 = 18$
①
②
③
④

2-2 $31 + 6 \times (15 - 8) \div 3 = 45$
①
②
③
④

3-1 <

3-2 <

19쪽

1-1 덧셈, 뺄셈, 나눗셈이 섞여 있는 식은 나눗셈을 먼저 계산합니다.

$54 - 42 \div 6 + 8$
①
②
③

1-2 ⑴ 나눗셈을 먼저 계산합니다.

$9 - 2 + 48 \div 12$
②
①
③

⑵ ( ) 안을 먼저 계산합니다.

$30 - (21 + 14) \div 7$
①
②
③

2-1 (1) 나눗셈을 먼저 계산합니다.

$$5+23-28\div7=24$$
② 28 ① 4
③ 24

(2) ( ) 안을 먼저 계산합니다.

$$19-(14+46)\div12=14$$
① 60
② 5
③ 14

2-2 (1) $32+27\div9-5=30$
① 3
② 35
③ 30

(2) $54\div(3+6)-2=4$
① 9
② 6
③ 4

3-1 생각 열기 ( )가 없을 때와 있을 때의 계산 순서를 생각하여 계산합니다.

㉠ $10+81\div9-7=10+9-7=19-7=12$
㉡ $(94+5)\div11-2=99\div11-2=9-2=7$
⇨ ㉠＞㉡

3-2 ㉠ $29+36\div9-12=29+4-12=33-12=21$
㉡ $17+(40-16)\div8=17+24\div8=17+3=20$
⇨ ㉠＞㉡

21쪽

1-1 나눗셈 → 곱셈 → 뺄셈 → 덧셈의 순서로 계산합니다.

1-2 곱셈 → 나눗셈 → 뺄셈 → 덧셈의 순서로 계산합니다.

2-1 $56\div(5+9)\times12-30=18$
① 14
② 4
③ 48
④ 18

2-2 ( ) 안 → 곱셈과 나눗셈 → 덧셈과 뺄셈의 순서로 계산합니다.

$$31+6\times(15-8)\div3=45$$
① 7
② 42
③ 14
④ 45

3-1 $2\times5+65\div13-8=10+65\div13-8$
$=10+5-8$
$=15-8=7$
$2\times5+65\div(13-8)=2\times5+65\div5$
$=10+65\div5$
$=10+13=23$
⇨ $7<23$

3-2 $200\div5+3\times4-6=40+3\times4-6$
$=40+12-6$
$=52-6=46$
$200\div(5+3)\times4-6=200\div8\times4-6$
$=25\times4-6$
$=100-6=94$
⇨ $46<94$

STEP 2 개념 확인하기
22 ～ 23쪽

01 (1) (계산 순서대로) 3, 12, 8, 8
(2) (계산 순서대로) 5, 21, 25, 25

02 은석　　　　　**03** (1) 58　(2) 15

04 $40\div4$에 ○표 ;
$16+(36-12)\div4=16+24\div4=16+6=22$

05 $30\div5+4-3=7$; 7개

06 ㉡　　　　　**07** ②

08 $46-10\times3+25\div5=21$

09 ㉠, ㉢, ㉡

10 $8+42\div(2\times3)-9=6$

01 (1) $9+60\div20-4=8$
① 3
② 12
③ 8

(2) $105\div(7-2)+4=25$
① 5
② 21
③ 25

02 은석: $12+54\div9-10=12+6-10$
$=18-10$
$=8\ (○)$

송이: $24+16\div8-1=24+2-1$
$=26-1$
$=25\ (\times)$

03 (1) $23+47-72\div6=58$
(2) $20-125\div(17+8)=15$

04 ( ) 안을 가장 먼저 계산하고, 덧셈과 나눗셈이 섞여 있는 계산은 나눗셈을 먼저 계산합니다.

05 (남은 빵의 수)=(한 봉지에 있는 단팥빵의 수)
$\qquad\qquad$ +(크림빵의 수)-(먹은 빵의 수)
$\qquad\quad=30\div5+4-3=6+4-3$
$\qquad\quad=10-3=7$(개)

서술형 가이드 혼합 계산식을 쓰고 계산할 수 있는지 확인합니다.

채점 기준

상	식 $30\div5+4-3=7$을 쓰고 답을 바르게 구했음.
중	식 $30\div5+4-3$만 씀.
하	식을 쓰지 못함.

06 **생각 열기** 덧셈, 뺄셈, 곱셈, 나눗셈이 섞여 있는 식은 곱셈과 나눗셈을 먼저 계산합니다.
ⓒ → ⓔ → ⓐ → ⓓ의 순서로 계산해야 합니다.

07 ① $10+8\times(9-6)\div4=10+8\times3\div4$
$\qquad\qquad\qquad\qquad=10+24\div4=10+6=16$
② $5\times10-18+12\div6=50-18+12\div6$
$\qquad\qquad\qquad\qquad=50-18+2=32+2=34$
③ $(60-9)\div17+2\times5=51\div17+2\times5$
$\qquad\qquad\qquad\qquad=3+2\times5=3+10=13$
④ $13+54\div(3\times2)-7=13+54\div6-7$
$\qquad\qquad\qquad\qquad=13+9-7=22-7=15$
⑤ $90\div15+24-4\times5=6+24-4\times5$
$\qquad\qquad\qquad\qquad=6+24-20=30-20=10$

08 두 식에 16이 공통으로 들어 있으므로 아래 식의 16 대신에 위 식의 $46-10\times3$을 넣습니다.

09 ⓐ $30+14\times3\div7-9=30+42\div7-9$
$\qquad\qquad\qquad\qquad=30+6-9=36-9=27$
ⓑ $(58-13)\div5+2\times6=45\div5+2\times6$
$\qquad\qquad\qquad\qquad=9+2\times6=9+12=21$
ⓒ $62-(19+8)\div3\times4=62-27\div3\times4$
$\qquad\qquad\qquad\qquad=62-9\times4=62-36=26$
$\Rightarrow$ ⓐ>ⓒ>ⓑ

10 $8+42\div2\times3-9=6$의 등식이 성립하려면
$8+42\div(2\times3)-9$가 되어야 합니다.
$8+42\div(2\times3)-9=8+42\div6-9$
$\qquad\qquad\qquad\qquad=8+7-9=15-9=6$

STEP 3 단원 **마무리평가** $\boxed{24\sim27쪽}$

01 (1) $53-18+7=42$
(2) $47-(6+13)=28$

02 ×
03 $45-4\times6+8$
04 (계산 순서대로) 24, 3, 3
05 (1) 10 (2) 5
06 (계산 순서대로) 5, 20, 12, 12
07 지우
08 ⓑ, ⓔ, ⓐ, ⓒ
09 ②, ④
10 35
11 (선 연결)
12 $39-25\div5+6=40$; 40
13 4자루
14 ②
15 >
16 예 ( ) 안의 계산과 곱셈을 한 다음에는 뺄셈보다 나눗셈을 먼저 계산해야 합니다.
$16\times6-(12+9)\div3=89$

17 24
18 60
19 500원
20 23

창의·융합 문제

1) 예 $+,+,\div$; $-,\times,+$;
$\times,+,\div$; $+,\div,+$

2) (1) 6, $1+2+3$; 10, $1+2+3+4$;
55, $1+2+3+4\cdots\cdots10$
(2) 예 $10\times11\div2=55$; 55개

01 (1) 앞에서부터 차례로 계산합니다.
(2) ( ) 안을 먼저 계산합니다.

02 $40-(24+6)=40-30=10$
$40-24+6=16+6=22$
따라서 두 식의 계산 결과는 다릅니다.

03 덧셈, 뺄셈, 곱셈이 섞여 있는 식은 곱셈을 먼저 계산합니다.
$45-4\times6+8$

04 곱셈과 나눗셈이 섞여 있고 ( )가 있는 식에서는 ( ) 안을 먼저 계산합니다.

05 (1) $14 \times 5 \div 7 = 70 \div 7 = \mathbf{10}$
(2) $90 \div (3 \times 6) = 90 \div 18 = \mathbf{5}$

06 덧셈, 뺄셈, 나눗셈이 섞여 있는 식은 나눗셈을 먼저 계산합니다.

07 7×3을 먼저 계산합니다.
( )가 없어도 계산 순서가 바뀌지 않으므로 계산 결과가 달라지지 않습니다.

08 덧셈, 뺄셈, 곱셈, 나눗셈이 섞여 있는 식은 곱셈과 나눗셈을 먼저 계산하고, 덧셈과 뺄셈을 나중에 계산합니다.

09 (남은 돈)=(용돈)-(산 물건의 값)이므로
$5000 - (900 + 600)$ 또는 $5000 - 900 - 600$입니다.

10 $72 - 13 \times (24 \div 6) + 15 = 72 - 13 \times 4 + 15$
$= 72 - 52 + 15$
$= 20 + 15 = \mathbf{35}$

11 $2 \times (20 - 7) + 5 = 2 \times 13 + 5 = 26 + 5 = 31$
$17 + (34 - 26) \times 3 = 17 + 8 \times 3 = 17 + 24 = 41$
$32 - 5 \times 4 + 9 = 32 - 20 + 9 = 12 + 9 = 21$

12 <u>39에서</u> <u>25를 5로 나눈 몫을</u> <u>뺀 다음</u> <u>6을 더한 수</u>
  39    $25 \div 5$ $-$ $+6$
$\Rightarrow 39 - 25 \div 5 + 6 = 39 - 5 + 6 = 34 + 6 = \mathbf{40}$

[서술형 가이드] 혼합 계산식을 쓰고 계산할 수 있는지 확인합니다.

[채점 기준]

상	식 $39 - 25 \div 5 + 6$을 쓰고 답을 바르게 구했음.
중	식 $39 - 25 \div 5 + 6$만 씀.
하	식을 쓰지 못함.

13 (한 명에게 나누어 줄 연필 수)
= (한 타의 연필 수) $\times$ (타 수) $\div$ (사람 수)
$= 12 \times 3 \div 9 = 36 \div 9 = \mathbf{4}$(자루)

14 ② $24 + (45 \div 9) - 2 = 24 + 5 - 2 = 29 - 2 = 27$
$24 + 45 \div 9 - 2 = 24 + 5 - 2 = 29 - 2 = 27$

15 $108 \div 9 + 3 - 5 = 12 + 3 - 5 = 15 - 5 = 10$
$108 \div (9 + 3) - 5 = 108 \div 12 - 5 = 9 - 5 = 4$
$\Rightarrow 10 > 4$

16 ( ) 안의 계산 → 곱셈과 나눗셈 → 덧셈과 뺄셈의 순서로 계산합니다.

[서술형 가이드] 혼합 계산이 잘못된 이유를 쓰고 바르게 고쳐서 계산할 수 있는지 확인합니다.

[채점 기준]

상	계산이 잘못된 이유를 쓰고 바르게 고쳐서 계산했음.
중	계산이 잘못된 이유를 썼으나 바르게 고쳐서 계산하지 못했음.
하	계산이 잘못된 이유도 쓰지 못했음.

17 $12 + (42 - 14) \times 3 \div 7 = 12 + 28 \times 3 \div 7$
$= 12 + 84 \div 7$
$= 12 + 12 = 24$
$12 + 42 - 14 \times 3 \div 7 = 12 + 42 - 42 \div 7$
$= 12 + 42 - 6$
$= 54 - 6 = 48$
따라서 두 식의 계산 결과의 차는 $48 - 24 = \mathbf{24}$입니다.

18 $11 + (43 - 27) \times 3 = 11 + 16 \times 3 = 11 + 48 = 59$
$59 < \square$에서 $\square$ 안에 들어갈 수 있는 가장 작은 자연수는 $\mathbf{60}$입니다.

19 연진: $1500 \times 2 = 3000$(원)
주완: $3500 + 3000 = 6500$(원)
거스름돈: $10000 - (3000 + 6500)$
$= 10000 - 9500 = \mathbf{500}$(원)

20 $9 + (47 - \square) \div 4 = 15$이므로 마지막 계산부터
거꾸로 생각하면
①
②
③

$(47 - \square) \div 4 = 15 - 9$, $(47 - \square) \div 4 = 6$,
$47 - \square = 6 \times 4$, $47 - \square = 24$,
$\square + 24 = 47$, $\square = 47 - 24$,
$\square = \mathbf{23}$입니다.

창의·융합 문제

1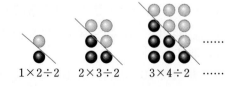

$(4 + 4 + 4) \div 4 = 3$
   8
   12
   3

$(4 - 4) \times 4 + 4 = 4$
   0
   0
   4

$(4 \times 4 + 4) \div 4 = 5$
   16
   20
   5

$(4 + 4) \div 4 + 4 = 6$
   8
   2
   6

2 (1) 한 번 더 놓을 때마다 바둑돌의 수는 1개, 2개, 3개······씩 늘어납니다.
(2) 각 단계별로 삼각형 모양 2개를 붙여 놓으면 직사각형이 됩니다.

$1 \times 2 \div 2$ $2 \times 3 \div 2$ $3 \times 4 \div 2$ ······

따라서 열째 모양을 만드는 데 $10 \times 11 \div 2 = 55$(개)가 필요합니다.

2 약수와 배수

STEP 1 개념 파헤치기

30 ~ 35쪽

31쪽

1-1 1, 1, 5

1-2 1, 2, 1, 2, 4

2-1 1, 2, 7, 14 ;
  1, 2, 7, 14

2-2 1, 3, 7, 21 ;
  1, 3, 7, 21

3-1 1, 5, 10에 ○표

3-2 2, 3, 6에 색칠

4-1 1, 2, 4, 8, 16

4-2 1, 2, 3, 4, 6, 12

33쪽

1-1 3, 6, 9, 12, 15

1-2 5, 10, 15

2-1 6, 12, 18 ;
  6, 12, 18

2-2 8, 16, 24 ;
  8, 16, 24

3-1 예 2, 4, 6, 8, 10

3-2 예 9, 18, 27, 36, 45

4-1 1, 2, 4, 8에 ○표

4-2 1, 2, 5, 10에 ○표

35쪽

1-1 12, 배수

1-2 (1) 배수 (2) 9

2-1 1, 3, 9, 1, 3, 9

2-2 1, 2, 7, 14, 1, 2, 7, 14

3-1 ( )(○)
  ( )(○)

3-2 (○)( )
  ( )(○)

31쪽

1-1 생각 열기 나머지가 없을 때 나누어떨어진다고 합니다.
  $5 \div 1 = 5$, $5 \div 5 = 1$
  ⇨ 5를 1과 5로 나누었을 때 나누어떨어집니다.
  따라서 5의 약수는 1, 5입니다.

1-2 $4 \div 1 = 4$, $4 \div 2 = 2$, $4 \div 4 = 1$
  ⇨ 4를 1, 2, 4로 나누었을 때 나누어떨어집니다.
  따라서 4의 약수는 1, 2, 4입니다.

2-1 14의 약수는 14를 나누어떨어지게 하는 수입니다.
  14를 나누어떨어지게 하는 수를 찾으면 1, 2, 7, 14입니다.

2-2 21의 약수는 21을 나누어떨어지게 하는 수입니다. 21을 나누어떨어지게 하는 수를 찾으면 1, 3, 7, 21입니다.

3-1 생각 열기 어떤 수를 나누어떨어지게 하는 수를 그 수의 약수라고 합니다.
  $10 \div 1 = 10$, $10 \div 3 = 3 \cdots 1$, $10 \div 5 = 2$, $10 \div 10 = 1$
  따라서 주어진 수 중 10의 약수는 1, 5, 10입니다.

3-2 $18 \div 2 = 9$, $18 \div 3 = 6$, $18 \div 6 = 3$, $18 \div 12 = 1 \cdots 6$
  따라서 주어진 수 중 18의 약수는 2, 3, 6입니다.

4-1 $16 \div 1 = 16$, $16 \div 2 = 8$, $16 \div 4 = 4$
  $16 \div 8 = 2$, $16 \div 16 = 1$

4-2 $12 \div 1 = 12$, $12 \div 2 = 6$, $12 \div 3 = 4$
  $12 \div 4 = 3$, $12 \div 6 = 2$, $12 \div 12 = 1$

33쪽

1-1 생각 열기 어떤 수를 □배 한 수는 (어떤 수)×□입니다.
  3의 1배 ⇨ $3 \times 1 = 3$ 3의 2배 ⇨ $3 \times 2 = 6$
  3의 3배 ⇨ $3 \times 3 = 9$ 3의 4배 ⇨ $3 \times 4 = 12$
  3의 5배 ⇨ $3 \times 5 = 15$

2-1 6의 배수는 6을 1배, 2배, 3배…… 한 수입니다.

  참고
  모든 수의 배수 중 가장 작은 수는 자기 자신입니다.

2-2 8을 1배, 2배, 3배…… 한 수가 8의 배수입니다.

3-1 2의 배수 ⇨ $2 \times 1 = 2$, $2 \times 2 = 4$, $2 \times 3 = 6$, $2 \times 4 = 8$,
  $2 \times 5 = 10$……

3-2 9의 배수 ⇨ $9 \times 1 = 9$, $9 \times 2 = 18$, $9 \times 3 = 27$,
  $9 \times 4 = 36$, $9 \times 5 = 45$……

4-1 $1 \times 8 = 8$, $2 \times 4 = 8$, $4 \times 2 = 8$, $8 \times 1 = 8$이므로 8은 1, 2, 4, 8의 배수입니다.

4-2 $1 \times 10 = 10$, $2 \times 5 = 10$, $5 \times 2 = 10$, $10 \times 1 = 10$이므로 10은 1, 2, 5, 10의 배수입니다.

35쪽

1-1 2와 6은 12의 약수이고 12는 2와 6의 배수입니다.

1-2 36은 4와 9의 배수이고 4와 9는 36의 약수입니다.

2-1

2-2

3-1 생각 열기 큰 수를 작은 수로 나누었을 때 나누어떨어지는지 알아봅니다.
- 16 3 ⇨ $16 \div 3 = 5 \cdots 1$ (×)
- 26 2 ⇨ $26 \div 2 = 13$ (○)
- 7 48 ⇨ $48 \div 7 = 6 \cdots 6$ (×)
- 36 18 ⇨ $36 \div 18 = 2$ (○)

3-2
- $\boxed{5}\ \boxed{30}$ ⇨ $30 \div 5 = 6$ (◯)
- $\boxed{36}\ \boxed{7}$ ⇨ $36 \div 7 = 5 \cdots 1$ (×)
- $\boxed{9}\ \boxed{19}$ ⇨ $19 \div 9 = 2 \cdots 1$ (×)
- $\boxed{4}\ \boxed{8}$ ⇨ $8 \div 4 = 2$ (◯)

STEP 2 개념 확인하기

36 ～ 37쪽

01 1, 2, 4, 5, 10, 20 ; 1, 2, 4, 5, 10, 20
02 ②　　　　**03** 8에 ×표
04 4에 ◯표　　**05** 34
06 예 10, 20, 30　　**07** 예 15, 30, 45
08 64에 ×표

09
1	2	③	4	5
⑥	7	△8	⑨	10
11	12	13	14	15
16	17	18	19	20
21	22	23	24	25
26	27	28	29	30

10 24　　　　**11** 배수, 약수
12 3, 10, 90에 ◯표　　**13** ①, ③

01 20을 나누어떨어지게 하는 수를 찾습니다.
02 어떤 자연수를 1로 나누면 항상 나누어떨어지므로 1은 모든 자연수의 약수입니다.
03 $36 \div 3 = 12$ ⇨ 나누어떨어집니다.
$36 \div 9 = 4$ ⇨ 나누어떨어집니다.
$36 \div 8 = 4 \cdots 4$ ⇨ 나누어떨어지지 않습니다.
$36 \div 12 = 3$ ⇨ 나누어떨어집니다.
$36 \div 36 = 1$ ⇨ 나누어떨어집니다.
따라서 3, 9, 12, 36은 36의 약수이고 8은 36의 약수가 아닙니다.
04 4의 약수: 1, 2, 4 ⇨ 3개
11의 약수: 1, 11 ⇨ 2개
따라서 약수의 개수가 더 많은 수는 4입니다.

> **주의**
> 수가 더 크다고 약수의 개수가 더 많은 것은 아닙니다.

05 어떤 수의 약수 중에서 가장 큰 약수는 어떤 수인 자기 자신입니다.
따라서 약수를 1, 2, 17, 34만 갖고 있는 수는 약수 중 가장 큰 수인 34입니다.

06 생각 열기 가장 작은 배수는 자기 자신입니다.
$10 \times 1 = 10$, $10 \times 2 = 20$, $10 \times 3 = 30 \cdots \cdots$
07 $15 \times 1 = 15$, $15 \times 2 = 30$, $15 \times 3 = 45 \cdots \cdots$
08 $9 \times 3 = 27$, $9 \times 6 = 54$, $9 \times 2 = 18$, $9 \times 5 = 45$이고 9에 어떤 수를 곱해 64가 되는 수는 없으므로 64는 9의 배수가 아닙니다.
09 3에 1배, 2배, 3배…… 한 수와 8에 1배, 2배, 3배…… 한 수를 각각 찾습니다.
10 ◯표와 △표를 동시에 한 수를 찾으면 24입니다.
11 생각 열기 ●와 ◆는 ▲의 약수

$$\blacktriangle = \bullet \times \blacklozenge$$

▲는 ●와 ◆의 배수

12 30의 약수: $30 \div \boxed{3} = 10$, $30 \div \boxed{10} = 3$
30의 배수: $30 \times 3 = \boxed{90}$
13 생각 열기 약수와 배수의 관계인 두 수의 특징을 알아봅니다.
② 2는 20의 약수입니다.
④ 20의 약수는 1, 2, 4, 5, 10, 20입니다.

STEP 1 개념 파헤치기

38 ～ 43쪽

39쪽

1-1 1, 3
1-2 위, 아래쪽 1, 2, 4에 모두 ◯표
2-1 (1) 1, 2, 4, 8, 16 ; 1, 2, 3, 4, 6, 8, 12, 24
(2) 위, 아래쪽 1, 2, 4, 8에 모두 ◯표　(3) 8
2-2 (1) 1, 2, 3, 6, 9, 18 ; 1, 2, 3, 5, 6, 10, 15, 30
(2) 위, 아래쪽 1, 2, 3, 6에 모두 ◯표　(3) 6
3-1 1, 3, 5, 15　|　**3-2** 1, 3, 7, 21

41쪽

1-1 (1) 7 ; 3, 7　|　**1-2** (1) 5 ; 3, 9
(2) 7　|　(2) 3
2-1 5 ; 5, 10　|　**2-2** 3, 3 ; 3, 9
3-1 2　|　**3-2** 12

43쪽

1-1 (위부터) 5, 4 ; 5　|　**1-2** (위부터) 3, 6 ; 3
2-1 (1) (위부터) 3, 4, 5 ;　|　**2-2** (1) (위부터) 7, 1, 2 ;
　　2, 3, 6　|　　　2, 7, 14
(2) (위부터) 5, 1, 3 ;　|　(2) (위부터) 5, 3, 4 ;
　　3, 5, 15　|　　　2, 5, 10
3-1 9개　|　**3-2** 6대

39쪽

1-1 생각 열기 두 수의 공통인 약수를 두 수의 공약수라 합니다.
6과 9의 공통인 약수 1, 3은 6과 9의 공약수입니다.

1-2 20과 12의 공통인 약수 1, 2, 4는 20과 12의 공약수입니다.

2-1 생각 열기 두 수의 공약수를 구하고 그중 가장 큰 수를 찾습니다.
16과 24의 공약수 1, 2, 4, 8 중에서 가장 큰 수는 8입니다.

2-2 18과 30의 공약수 1, 2, 3, 6 중에서 가장 큰 수는 6입니다.

3-1 생각 열기 두 수의 공약수는 최대공약수의 약수입니다.
두 수의 최대공약수가 15이므로 공약수는 15의 약수인 1, 3, 5, 15입니다.

3-2 두 수의 최대공약수가 21이므로 공약수는 21의 약수인 1, 3, 7, 21입니다.

41쪽

1-1 생각 열기 두 곱셈식에 공통으로 들어 있는 수 중에서 가장 큰 수가 최대공약수입니다.
$$14=2\times\boxed{7} \qquad 21=3\times\boxed{7}$$
$$\Downarrow \qquad\qquad \Downarrow$$
14와 21의 최대공약수: 7

1-2 $15=\boxed{3}\times5 \qquad 27=\boxed{3}\times9$
$$\Downarrow \qquad\qquad \Downarrow$$
15와 27의 최대공약수: 3

2-1 $20=\boxed{2}\times2\times\boxed{5} \qquad 30=\boxed{2}\times3\times\boxed{5}$
최대공약수: $\boxed{2}\times\boxed{5}=10$
20과 30을 곱셈식으로 나타내면 공통인 부분이 2×5이므로 20과 30의 최대공약수는 $2\times5=10$입니다.

참고
최대공약수를 구할 때 곱셈식에서 공통인 수를 찾아 곱합니다.

2-2 $18=2\times\boxed{3}\times\boxed{3} \qquad 27=\boxed{3}\times\boxed{3}\times3$
최대공약수: $\boxed{3}\times\boxed{3}=9$
18과 27을 곱셈식으로 나타내면 공통인 부분이 3×3이므로 18과 27의 최대공약수는 $3\times3=9$입니다.

3-1 생각 열기 두 수를 곱셈식으로 나타내었을 때 공통으로 들어 있는 가장 큰 수가 두 수의 최대공약수입니다.
$10=2\times5$, $14=2\times7$이므로 최대공약수는 2입니다.

3-2 $24=2\times2\times2\times3$, $36=2\times2\times3\times3$이므로 최대공약수는 $2\times2\times3=12$입니다.

43쪽

1-1 생각 열기 20과 25를 공통으로 나누어떨어지게 하는 수 중에서 가장 큰 수를 찾습니다.
$20=5\times4$, $25=5\times5$이므로 5로 나누면 두 수 모두 나누어떨어집니다.

1-2 $18=3\times6$, $21=3\times7$이므로 3으로 나누면 두 수 모두 나누어떨어집니다.

2-1 생각 열기 공약수로 나눌 수 없을 때까지 계속해서 나누어 봅니다.
(1)
```
2 ) 24  30
3 ) 12  15
      4   5
```
최대공약수: $\boxed{2}\times\boxed{3}=6$

2-2 (1)
```
2 ) 14  28
7 )  7  14
      1   2
```
최대공약수: $\boxed{2}\times\boxed{7}=14$

참고
두 수가 약수와 배수의 관계일 때 두 수 중 작은 수가 최대공약수가 됩니다.
예 (14, 28)에서 작은 수 14가 두 수의 최대공약수입니다.

3-1 생각 열기 최대한 많은 바구니 ⇨ 최대
남김없이 똑같이 나누어 ⇨ 공약수
```
3 ) 27  45
3 )  9  15
      3   5
```
최대 $3\times3=9$(개)의 바구니에 나누어 담아야 합니다.

3-2
```
2 ) 36  42
3 ) 18  21
      6   7
```
최대 $2\times3=6$(대)의 차에 나누어 타야 합니다.

STEP 2 개념 확인하기 44 ~ 45쪽

01 1칸, 2칸, 4칸 조각
02 4칸 조각
03 1, 5
04 1, 2, 4에 ○표 ; 4
05 8
06 예 36과 42의 공약수는 36과 42의 최대공약수의 약수와 같습니다.
07 3 ; 3, 3 ; 3
08 4
09 ②
10 5, 9 ; 5
11 8
12 12

01 【생각 열기】 12와 16의 공약수를 모두 구하고, 두 수의 최대공약수를 알아봅니다.

12칸을 채울 수 있는 조각: 1칸, 2칸, 3칸, 4칸, 6칸 조각
16칸을 채울 수 있는 조각: 1칸, 2칸, 4칸 조각

두 곳을 모두 채울 수 있는 조각은 1칸, 2칸, 4칸 조각입니다.

03 【생각 열기】 두 수의 공통인 약수를 공약수라고 합니다.

35의 약수: ①, ⑤, 7, 35
40의 약수: ①, 2, 4, ⑤, 8, 10, 20, 40
⇨ 35와 40의 공약수: 1, 5

04 16의 약수: 1, 2, 4, 8, 16
20의 약수: 1, 2, 4, 5, 10, 20
⇨ 16과 20의 공약수: 1, 2, 4
                        └→ 최대공약수

05 어떤 수를 나누어떨어지게 하는 수는 그 수의 약수이므로 32와 40을 모두 나누어떨어지게 하는 수는 두 수의 공약수입니다. 따라서 그중 가장 큰 수는 32와 40의 최대공약수인 8입니다.

06 【서술형 가이드】 (두 수의 공약수)＝(두 수의 최대공약수의 약수)임을 알고 있어야 합니다.

【채점 기준】

상	공약수와 최대공약수의 약수와의 관계를 바르게 설명함.
중	공약수와 최대공약수의 약수와의 관계를 설명하였으나 부족한 점이 있음.
하	공약수와 최대공약수의 약수와의 관계를 설명하지 못함.

【참고】
두 수의 공약수는 최대공약수의 약수입니다.

07 【생각 열기】 두 수를 각각 곱으로 나타내어 공통으로 들어 있는 수를 알아봅니다.

$6=2×③$ 　　 $9=3×③$
　⇩　　　　　　⇩
6과 9의 최대공약수: 3

08 $28=②×②×7$ 　　 $44=②×②×11$
　　　⇩　　　　　　　⇩
28과 44의 최대공약수: $2×2=4$

09 최대공약수를 구해 보면 다음과 같습니다.
① 4 　② 8 　③ 4 　④ 7 　⑤ 5
따라서 최대공약수가 가장 큰 것은 ②입니다.

10 $25=5×5$, $45=5×9$이므로 5로 나누면 두 수 모두 나누어떨어집니다.

11
```
2) 40  72
2) 20  36
2) 10  18
    5   9
```
최대공약수: $2×2×2=8$

12
```
2) 324  48
2) 162  24
3)  81  12
    27   4
```
최대공약수: $2×2×3=12$

STEP **1** 개념 **파헤치기**　　【46 ～ 51쪽】

47쪽

1-1 6, 12 　　　　　　 **1-2** 6, 12

2-1 ⑴ 예 6, 12, 18, 24, 30, 36, 42, 48……;
　　　　　 8, 16, 24, 32, 40, 48, 56……
　　⑵ 예 위, 아래쪽 24, 48에 모두 ○표
　　⑶ 24

2-2 ⑴ 예 9, 18, 27, 36, 45, 54, 63, 72……;
　　　　　 12, 24, 36, 48, 60, 72, 84……
　　⑵ 예 위, 아래쪽 36, 72에 모두 ○표
　　⑶ 36

3-1 9, 18, 27 　　　　 **3-2** 10, 20, 30

49쪽

1-1 ⑴ 4 ; 3, 4 　　　 **1-2** ⑴ 3 ; 3, 5
　　⑵ 24 　　　　　　　　⑵ 45

2-1 3 ; 2, 3, 18 　　　 **2-2** 3 ; 2, 3, 48

3-1 60 　　　　　　　 **3-2** 36

51쪽

1-1 (위부터) 7, 3 ; 7, 2, 3, 42

1-2 (위부터) 2, 7 ; 2, 2, 7, 28

2-1 ⑴
```
 3) 15  45
예5)  5  15
      1   3 ; 45
```
　　⑵
```
 2) 12  16
예2)  6   8
      3   4 ; 48
```

2-2 ⑴
```
 5) 25  50
예5)  5  10
      1   2 ; 50
```
　　⑵
```
 2) 20  30
예5) 10  15
      2   3 ; 60
```

3-1 15초 후 　　　　 **3-2** 12일 후

47쪽

1-1 생각 열기 두 수의 공통인 배수를 공배수라고 합니다.
2의 배수도 되고 3의 배수도 되는 수를 찾아보면 6, 12……입니다.

1-2 3의 배수도 되고 6의 배수도 되는 수를 찾아보면 6, 12……입니다.

> 참고
> 6은 3의 배수이므로 3과 6의 공배수는 6의 배수와 같습니다.

2-1 생각 열기 두 수의 공배수 중에서 가장 작은 수가 최소공배수입니다.
6과 8의 공배수 24, 48…… 중에서 가장 작은 수는 24입니다.

2-2 9와 12의 공배수 36, 72…… 중에서 가장 작은 수는 36입니다.

3-1 생각 열기 두 수의 공배수는 최소공배수의 배수입니다.
두 수의 최소공배수가 9이므로 공배수는 9의 배수인 9, 18, 27……입니다.

3-2 두 수의 최소공배수가 10이므로 공배수는 10의 배수인 10, 20, 30……입니다.

49쪽

1-1 $8=2×$ ④ , $12=3×$ ④
8과 12의 최소공배수: ④ $×2×3=24$

1-2 $9=$ ③ $×3$, $15=$ ③ $×5$
9와 15의 최소공배수: ③ $×3×5=45$

2-1 공통인 수는 한 번만 곱하고 공통이 아닌 수들은 모두 곱합니다.
$$\begin{array}{c} 6=2×③ \\ 9=3×③ \end{array}$$
⇨ 최소공배수: ③ $×2×3=18$

2-2 공통으로 들어 있는 곱셈식 $2×2×2$에 남은 수인 2와 3을 곱하면 최소공배수는 $2×2×2×2×3=48$입니다.

3-1 생각 열기 두 수를 곱셈식으로 나타내었을 때 공통으로 들어 있는 가장 큰 수와 나머지 수들의 곱을 구합니다.
$10=$ ② $×5$, $12=$ ② $×6$이므로 최소공배수는
$2×5×6=60$입니다.

3-2 $12=2×$ ② $×3$, $18=$ ② $×3×3$이므로 최소공배수는
$2×3×2×3=36$입니다.

51쪽

1-1 생각 열기 14와 21의 최대공약수에 밑에 남은 몫을 모두 곱하여 최소공배수를 구합니다.
$$\begin{array}{r} 7\,)\,\underline{14 \quad 21} \\ 2 \quad 3 \end{array}$$
⇨ 14와 21의 최소공배수: $7×2×3=42$

1-2 4와 14의 최대공약수 2에 밑에 남은 몫 2와 7을 모두 곱합니다.
⇨ 4와 14의 최소공배수: $2×2×7=28$

2-1 생각 열기 두 수의 공약수가 없을 때까지 나눗셈을 계속하여 최소공배수를 구합니다.
⑴ 15와 45의 최소공배수: $3×5×1×3=45$

> 참고
> 두 수 중 한 수가 다른 수의 배수이면 작은 수는 최대공약수, 큰 수는 최소공배수가 됩니다.

⑵ 12와 16의 최소공배수: $2×2×3×4=48$

2-2 ⑴ 25와 50의 최소공배수: $5×5×1×2=50$
⑵ 20과 30의 최소공배수: $2×5×2×3=60$

3-1 $$\begin{array}{r} 1\,)\,\underline{3 \quad 5} \\ 3 \quad 5 \end{array}$$
$1×3×5=15$(초) 후에 두 전구의 불이 동시에 켜집니다.

3-2 $$\begin{array}{r} 2\,)\,\underline{4 \quad 6} \\ 2 \quad 3 \end{array}$$
$2×2×3=12$(일) 후에 두 사람이 다시 만나게 됩니다.

STEP **2** 개념 확인하기 52~53쪽

01 6, 12, 18
02 12, 24, 36 ; 12
03 ④
04 9
05 예 5와 4의 공배수는 5와 4의 최소공배수의 배수와 같습니다.
06 40, 80
07 4 ; 2, 5 ; 2, 4, 5, 40
08 66
09 54
10 3, 4, 5, 60
11 40과 16에 색칠
12 96

01 2와 3의 공통인 배수를 찾습니다.

02 12의 배수: 12, 24, 36, 48, 60……
6의 배수: 6, 12, 18, 24, 30, 36……
⇨ 12와 6의 공배수: 12, 24, 36……
　　　　　　　　　　└ 최소공배수

03 최소공배수를 구하면 다음과 같습니다.
① 6, 9 → 18 ② 4, 10 → 20
③ 8, 12 → 24 ④ 5, 8 → 40
⑤ 9, 27 → 27
따라서 최소공배수가 30보다 큰 것은 ④입니다.

04 공배수 중에서 가장 작은 수가 최소공배수입니다. ⇨ 9

05 서술형 가이드 (두 수의 공배수)=(두 수의 최소공배수의 배수)임을 알고 있어야 합니다.

채점 기준	
상	공배수와 최소공배수의 배수와의 관계를 바르게 설명함.
중	공배수와 최소공배수의 배수와의 관계를 설명하였으나 부족한 점이 있음.
하	공배수와 최소공배수의 배수와의 관계를 설명하지 못함.

06 8과 20의 최소공배수는 40이므로 100까지의 수 중에서 두 수의 공배수는 40, 80입니다.

> 다른 풀이
> • 100까지의 수 중에서 20의 배수:
>   20, 40, 60, 80, 100
> • 위 수 중에서 8의 배수: 40, 80

07 8과 10의 최대공약수 2에 남은 수 4와 5를 곱합니다.

08 $22=2\times11$, $33=3\times11$
⇨ 최소공배수: $11\times2\times3=66$

09 $18=2\times3\times3$, $27=3\times3\times3$
18과 27의 최소공배수: $3\times3\times2\times3=54$

10 12와 15의 최대공약수 3에 밑에 남은 몫 4와 5를 모두 곱합니다.
⇨ 최소공배수: $3\times4\times5=60$

11 $42=14\times3$이므로 14와 42의 최소공배수는 42,
$40=8\times5$, $16=8\times2$이므로 40과 16의 최소공배수는 $8\times5\times2=80$입니다.
⇨ $42<80$

12 ㉠ 6과 4의 곱은 24입니다.
㉡ 8의 배수는 8, 16, 24, 32……이고 이 중 30에 가장 가까운 수는 32입니다.
따라서 24와 32의 최소공배수를 구하면 됩니다.
```
2) 24  32
2) 12  16
2)  6   8
    3   4
```
⇨ 최소공배수: $2\times2\times2\times3\times4=96$

---

01 약수, 배수 **02** ⑤
03 예 8, 16, 24, 32
04

14	15	16	17	18	19
20	21	22	23	24	25
26	27	28	29	30	31

05 1, 2, 7, 14에 색칠 **06** ( )(○)
07 27, 162 **08** 예

```
2) 36  24
2) 18  12
3)  9   6
    3   2
```
09 12, 72 **10** 5
11 예 36을 18로 나누면 나누어떨어지므로 18은 36의 약수입니다.
12 ④ **13** ( )(○)
14 **15** 예 $5\times9=45$
16 지호 **17** 1, 2, 4, 8, 16, 32
18 4명 **19** 65
20 9시 45분

창의·융합 문제
1 11, 13, 17, 19, 23, 29
2 3개

01 생각 열기 ●와 ◆는 ▲의 약수
▲ = ● × ◆
▲는 ●와 ◆의 배수
1, 2, 3, 4, 6, 12는 12의 **약수**이고
12는 1, 2, 3, 4, 6, 12의 **배수**입니다.

02 생각 열기 40을 나누어떨어지게 하는 수가 40의 약수입니다.
$40\div1=40$, $40\div2=20$, $40\div4=10$, $40\div5=8$,
$40\div8=5$, $40\div10=4$, $40\div20=2$, $40\div40=1$
⑤ 25는 40을 나누어떨어지게 하지 않습니다.

03 생각 열기 어떤 수를 1배, 2배, 3배…… 한 수가 그 수의 배수입니다.
$8\times1=8$, $8\times2=16$, $8\times3=24$, $8\times4=32$

04 • $3\times5=15$, $3\times6=18$, $3\times7=21$,
  $3\times8=24$, $3\times9=27$, $3\times10=30$
• $4\times4=16$, $4\times5=20$, $4\times6=24$, $4\times7=28$

05 28의 약수: 1, 2, 4, 7, 14, 28
42의 약수: 1, 2, 3, 6, 7, 14, 21, 42
⇨ 28과 42의 공약수 : 1, 2, 7, 14

06 $21 \div 9 = 2 \cdots 3$ (×), $44 \div 4 = 11$ (○)

07 ⌐ $54 = 2 \times 3 \times 3 \times 3$
　 └ $81 = 3 \times 3 \times 3 \times 3$
⇨ 최대공약수: $3 \times 3 \times 3 = 27$
　 최소공배수: $3 \times 3 \times 3 \times 2 \times 3 = 162$

08 생각 열기 1 이외의 공약수가 없을 때까지 나눗셈을 계속 합니다.

36과 24의 공약수 → 2) 36　24
18과 12의 공약수 → 2) 18　12
9와 6의 공약수 → 3) 9　　6
　　　　　　　　　　　 3　　2

09 2) 36　24
　 2) 18　12
　 3) 9　　6
　　　　3　　2　⇨ 최소공배수: $2 \times 2 \times 3 \times 3 \times 2 = 72$
최대공약수: $2 \times 2 \times 3 = 12$

10 5) 25　55
　　　　5　11
최대공약수: 5

11 서술형 가이드 약수의 뜻을 알고 있는지 확인합니다.

채점 기준	
상	이유를 정확히 씀.
중	이유를 썼으나 부족함.
하	이유를 쓰지 못함.

12 공배수는 최소공배수의 배수이므로 15의 배수가 아닌 수를 찾습니다.

13 27의 약수: 1, 3, 9, 27 ⇨ 4개
16의 약수: 1, 2, 4, 8, 16 ⇨ 5개

14 • $2 \times 8 = 16$, $2 \times 16 = 32$
　⇨ 2는 16, 32와 약수와 배수의 관계입니다.
• $8 \times 2 = 16$, $8 \times 4 = 32$
　⇨ 8은 16, 32와 약수와 배수의 관계입니다.
• $5 \times 5 = 25$ ⇨ 5는 25와 약수와 배수의 관계입니다.

15 서술형 가이드 5와 45의 약수와 배수의 관계를 나타내는 식을 쓸 수 있는지 확인합니다.

채점 기준	
상	식 $5 \times 9 = 45$ 또는 $45 \div 5 = 9$를 씀.
중	식 $45 \div 5$를 씀.
하	식을 쓰지 못함.

16 은수: 9는 81의 약수 입니다.
준수: 약수 에는 1이 항상 포함됩니다.
지호: 12는 2의 배수 입니다.
승규: 8의 약수 는 1, 2, 4, 8입니다.

17 두 수의 공약수는 두 수의 최대공약수의 약수와 같습니다.
⇨ 32의 약수: 1, 2, 4, 8, 16, 32

참고
최대공약수가 주어진 공약수 구하는 문제는 최대공약수의 약수를 구하면 됩니다.

18 $16 = 4 \times 4$, $20 = 4 \times 5$이므로 최대 **4명**에게 나누어 줄 수 있습니다.

참고
최대한 많은 사람에게 ⇨ 최대
남김없이 똑같이 나누어 ⇨ 공약수

19 5, 10, 15, 20……은 5의 배수입니다.
따라서 13번째 수는 $5 \times 13 = 65$입니다.

20 3) 15　9
　　　　5　3　⇨ 최소공배수: $3 \times 5 \times 3 = 45$
15와 9의 최소공배수는 45이므로 45분마다 두 버스가 동시에 도착합니다.
따라서 다음 번 두 버스의 도착 시각은
9시 + 45분 = **9시 45분**입니다.

창의·융합 문제

1) 약수가 1과 자기 자신밖에 없는 수는 **11, 13, 17, 19, 23, 29**입니다.

참고
짝수는 모두 2로 나누어떨어지므로 항상 2를 약수로 가지게 됩니다. 따라서 2를 제외한 짝수는 모두 약수가 1과 자기 자신밖에 없는 수가 아닙니다.

2)

	1번 문	2번 문	3번 문	4번 문	5번 문
1시	닫힘	닫힘	닫힘	닫힘	닫힘
2시		열림		열림	
3시			열림		
4시				닫힘	
5시					열림

따라서 5시가 지났을 때 5개의 문 중 열려 있는 문은 2번 문, 3번 문, 5번 문으로 **3개**입니다.

❸ 규칙과 대응

STEP 1 개념 파헤치기

60 ～ 65쪽

61쪽

1-1 (1) 4   (2) 8, 12

2-1 8, 12, 16

3-1 4에 ○표

1-2 3, 4

2-2 3, 4, 5

3-2 큽니다에 ○표

63쪽

1-1 3, 4, 5

2-1 □+1=△에 ○표

3-1 6 ; 6, 6

1-2 6, 9, 12

2-2 □×3=△에 ○표

3-2 5 ; 5, 5

65쪽

1-1 (1) 예 (아영이의 나이)=(언니 나이)−4입니다.

　　(2) 예 △=☆−4

1-2 (1) 예 (승규의 나이)=(동생 나이)+5입니다.

　　(2) 예 ◇=○+5

2-1 (1) ㉠ 10, ㉡ 9

　　(2) 예 (색도화지의 수)÷2=(꽃의 수)

2-2 (1) ㉠ 5, ㉡ 24

　　(2) 예 (책의 수)÷8=(책꽂이 칸의 수)

61쪽

1-1 생각 열기 그림에서 자동차가 1대일 때, 2대일 때, 3대일 때 바퀴는 몇 개인지 세어 보며 대응 관계를 알아봅니다.
바퀴가 4개인 자동차이므로 자동차가 1대 있으면 바퀴는 **4개**, 2대 있으면 **8개**, 3대 있으면 **12개** 있습니다.

1-2 그림에서 세어 보면 철봉 대가 2개이면 철봉 기둥은 **3개**, 철봉 대가 3개이면 철봉 기둥은 **4개**입니다.

2-1 그림에서 자동차가 2대 있으면 바퀴는 **8개**, 3대 있으면 **12개**, 4대 있으면 **16개** 있습니다.

2-2 그림에서 철봉 대가 2개이면 철봉 기둥은 **3개**, 철봉 대가 3개이면 철봉 기둥은 **4개**, 철봉 대가 4개이면 철봉 기둥은 **5개**입니다.

3-1 생각 열기 표를 보고 자동차의 수와 바퀴의 수 사이의 대응 관계를 알아봅니다.
자동차의 수가 1씩 늘어날 때마다 바퀴의 수는 **4씩** 늘어납니다.

3-2 철봉 기둥의 수는 철봉 대의 수보다 **1** 큽니다.

63쪽

1-1 그림에서 종이가 2장이면 누름 못은 3개, 3장이면 4개, 4장이면 5개입니다.

1-2 그림에서 정삼각형이 2개이면 면봉이 6개, 정삼각형이 3개이면 면봉이 9개입니다. 따라서 정삼각형이 4개이면 면봉은 12개입니다.

2-1 생각 열기 표를 보고 종이의 수와 누름 못의 수 사이의 규칙을 찾아봅니다.
누름 못의 수(△)가 종이의 수(□)보다 1 크므로
□+1=△로 나타낼 수 있습니다.

> **참고**
> 종이의 수(□)가 누름 못의 수(△)보다 1 작으므로
> △−1=□로 나타낼 수도 있습니다.

2-2 면봉의 수(△)가 정삼각형의 수(□)의 3배이므로
□×3=△로 나타낼 수 있습니다.

> **참고**
> 정삼각형의 수(□)는 면봉의 수(△)를 3으로 나눈 몫이므로 △÷3=□로 나타낼 수도 있습니다.

3-1 생각 열기 ◇와 ○ 사이의 규칙을 찾아봅니다.
◇에 6을 더하면 ○입니다.

3-2 ♡에 5를 곱하면 ○입니다.

65쪽

1-1 생각 열기 대응되는 두 수는 '아영이의 나이'와 '언니 나이'입니다. 두 수 사이의 대응 관계를 알아봅니다.
언니 나이는 아영이의 나이보다 4살 많으므로
☆=△+4로 나타낼 수도 있습니다.

> **참고**
> △=☆−4와 ☆=△+4에서 △와 ☆의 위치에 따라 나타내는 식이 달라질 수 있습니다.

1-2 동생 나이는 승규의 나이보다 5살 적으므로
○=◇−5로 나타낼 수도 있습니다.

2-1 생각 열기 표에서 주어진 수들을 보고 색도화지의 수와 꽃의 수 사이의 대응 관계를 알아봅니다.
4 → 2, 8 → 4, 14 → 7이므로 색도화지의 수를 2로 나누면 꽃의 수입니다.
(꽃의 수)×2=(색도화지의 수)로 나타낼 수도 있습니다.

2-2 생각 열기 8 → 1, 72 → 9, 48 → 6이므로 책의 수를 8로 나누면 책꽂이 칸의 수입니다.
(책꽂이 칸의 수)×8=(책의 수)로 나타낼 수도 있습니다.

STEP 2 개념 확인하기
66 ~ 67쪽

01 2조각
02 3번
03 4, 5, 6
04 수민
05 2 ; 2
06 2 ; 2
07 (왼쪽부터) 3, 16, 20
08 예 4배입니다.
09 예 ○×4=△
10 곱하면에 ○표
11 9, 12
12 예 □×3=△

01 가래떡을 한 번 썰면 가래떡은 **2조각**이 됩니다.

02 가래떡을 2번 썰면 가래떡이 3조각, **3번** 썰면 4조각이 됩니다.

03 생각 열기 그림에서 가래떡을 썬 횟수와 가래떡 조각의 수 사이의 대응 관계를 알아보고 표를 완성합니다.

04 가래떡 조각의 수는 가래떡을 썬 횟수보다 1 큽니다.

07 생각 열기 탁자의 수와 의자의 수 사이의 대응 관계를 알아보고 표를 완성합니다.
탁자의 수가 1씩 커질 때 의자의 수는 4씩 커지므로 의자의 수는 탁자의 수의 4배입니다.

08 서술형 가이드 탁자의 수와 의자의 수 사이의 대응 관계를 이해하고 있는지 확인합니다.

채점 기준

상	두 수 사이의 대응 관계를 알고 바르게 설명함.
중	두 수 사이의 대응 관계를 알고 있으나 설명이 부족함.
하	두 수 사이의 대응 관계를 알지 못하여 설명하지 못함.

09 의자의 수는 탁자의 수의 4배입니다.
 ⇨ (탁자의 수)×4=(의자의 수)
 의자의 수를 4로 나누면 탁자의 수입니다.
 ⇨ (의자의 수)÷4=(탁자의 수)

10 동전을 1개 더 넣을 때마다 사탕은 3개씩 더 나오므로 사탕의 수는 동전의 수에 3을 **곱하면** 됩니다.

11 생각 열기 동전의 수와 사탕의 수 사이의 대응 관계를 알아보고 표를 완성합니다.
 (동전 3개)×3=(사탕 9개)
 (동전 4개)×3=(사탕 12개)

12 (동전의 수)×3=(사탕의 수) ⇨ □×3=△
 △÷3=□, △=□×3, □=△÷3 등으로 나타낼 수도 있습니다.

STEP 3 단원 마무리평가
68 ~ 71쪽

01 2, 3
02 2, 3, 4
03 1
04 9군데
05 (선으로 연결됨)
06 13에 ○표
07 ㉠ 7, ㉡ 4
08 예 한 모둠에 4명씩 있으므로 모둠의 수(○)의 4배는 학생의 수(◇)입니다.
09 10살
10 10, 11, 12
11 △+6=□에 ○표
12 26살
13 12, 18
14 4, 4
15 6마리
16 (왼쪽부터) 8, 3, 16
17 예 달걀의 수는 카스텔라의 수의 4배입니다.
18 예 □×4=○
19 예 □+5=△
20 오후 6시

창의·융합 문제

1 5, 6, 7, 8
2 10인 11각
3 예 ☆=◇×10

01 그림을 보고 색 테이프의 수와 겹쳐진 부분의 수를 알아봅니다.

02 그림에서 색 테이프를 3장 이어 붙이면 겹쳐진 부분은 2군데, 4장 이어 붙이면 3군데입니다. 따라서 색 테이프를 5장 이어 붙이면 겹쳐진 부분은 4군데입니다.

03 겹쳐진 부분의 수는 이어 붙인 색 테이프의 수보다 1 작습니다.

04 (겹쳐진 부분의 수)=(색 테이프의 수)−1이므로 색 테이프를 10장 이어 붙이면 겹쳐진 부분은 10−1=9(군데)입니다.

05 □는 ○보다 3 큽니다. ⇨ ○+3=□
 ○가 1씩 늘어날 때마다 □는 2씩 늘어나므로 □는 ○의 2배입니다.
 ⇨ ○×2=□

06 생각 열기 먼저 □와 △ 사이의 대응 관계를 식으로 나타내어 봅니다.
 □와 △ 사이의 대응 관계를 식으로 나타내면 □×2=△입니다.
 따라서 □=6일 때 6×2=△, △=12입니다.

07 ◇와 ○ 사이의 대응 관계를 식으로 나타내면 ◇−3=○입니다.
 ◇=10일 때 10−3=○, ○=7 ⇨ ㉠=7
 ◇=7일 때 7−3=○, ○=4 ⇨ ㉡=4

08 서술형 가이드 대응 관계를 나타낸 식에 알맞게 생활 속에서 상황을 만들었는지 확인합니다.

채점 기준	
상	대응 관계를 나타낸 식에 적절한 소재를 찾아 알맞은 상황을 만들었음.
중	대응 관계를 나타낸 식에 적절한 소재를 찾았으나 알맞은 상황을 만들기에 부족함.
하	대응 관계를 나타낸 식에 알맞은 상황을 만들지 못함.

09 생각 열기 나이는 선영이와 준수가 모두 1년에 한 살씩 많아집니다.

선영이가 14살에서 16살로 2살 많아지면 준수도 2살 많아집니다.

선영이의 나이: 14살 $\xrightarrow{+2살}$ 16살

준수의 나이: 8살 $\xrightarrow{+2살}$ **10살**

10 준수의 나이는 선영이의 나이보다 6 작습니다.

11 생각 열기 표를 보고 선영이의 나이와 준수의 나이 사이의 대응 관계를 알아보고 식으로 바르게 나타낸 것을 찾습니다.

(준수의 나이)+6=(선영이의 나이)

⇨ $\triangle+6=\square$

(선영이의 나이)−6=(준수의 나이)

⇨ $\square-6=\triangle$

12 $\triangle+6=\square$에서 $\triangle=20$일 때 $20+6=\square$, $\square=26$입니다. 따라서 준수가 20살일 때 선영이는 **26살**입니다.

13 생각 열기 초파리가 1마리 늘어날 때마다 초파리의 다리는 6개씩 늘어납니다.

초파리는 다리가 6개이므로 초파리 다리의 수는 초파리의 수의 6배입니다.

⇨ (초파리 다리의 수)=(초파리의 수)×6

14 생각 열기 잠자리의 날개의 수는 잠자리의 수의 4배입니다.

(잠자리의 수)×4=(잠자리 날개의 수)

⇨ $\diamondsuit×4=\heartsuit$

(잠자리 날개의 수)÷4=(잠자리의 수)

⇨ $\heartsuit÷4=\diamondsuit$

15 $\heartsuit÷4=\diamondsuit$에서 $\heartsuit=24$일 때 $24÷4=\diamondsuit$, $\diamondsuit=6$입니다. 따라서 잠자리는 모두 **6마리**입니다.

16 생각 열기 달걀의 수와 카스텔라의 수 사이의 대응 관계를 이해하여 표를 완성합니다.

카스텔라 1개를 만드는 데 달걀은 4개가 필요합니다.

⇨ 달걀의 수가 4개 늘어날 때마다 카스텔라의 수는 1씩 늘어납니다.

17 '달걀의 수를 4로 나누면 카스텔라의 수입니다.' 등으로 말할 수 있습니다.

서술형 가이드 달걀의 수와 카스텔라의 수 사이의 대응 관계를 이해하고 있는지 확인합니다.

채점 기준	
상	두 수 사이의 대응 관계를 알고 바르게 설명함.
중	두 수 사이의 대응 관계를 알고 있으나 설명이 부족함.
하	두 수 사이의 대응 관계를 알지 못하여 설명하지 못함.

18 (카스텔라의 수)×4=(달걀의 수)

⇨ $\square×4=\bigcirc$

참고

$\bigcirc=\square×4$, $\square=\bigcirc÷4$, $\bigcirc÷4=\square$ 등으로 나타낼 수도 있습니다.

19 유라가 답한 수는 현우가 말한 수보다 5만큼 크므로 $\square+5=\triangle$로 나타낼 수 있습니다.

참고

$\square=\triangle-5$, $\triangle=\square+5$, $\triangle-5=\square$ 등으로 나타낼 수도 있습니다.

20 방콕의 시각($\bigcirc$)은 서울의 시각($\diamondsuit$)보다 2시간 늦으므로 $\bigcirc=\diamondsuit-2$입니다.

$\diamondsuit=$오후 8시일 때 $\bigcirc=8-2=6$이므로 아버지가 전화를 받는 시각은 **오후 6시**입니다.

창의·융합 문제

1) 다리의 수는 사람의 수보다 1 큽니다.

⇨ (사람의 수)+1=(다리의 수)

따라서 $4+1=5$, $5+1=6$, $6+1=7$, $7+1=8$입니다.

2) (사람의 수)+1=(다리의 수)

⇨ $10+1=11$

따라서 발을 묶는 사람의 수가 10이면 다리의 수는 11이므로 놀이의 이름은 **10인 11각**입니다.

3) 물감 1통으로 판화 10장을 찍어낼 수 있으므로 찍어내는 판화의 수($\star$)는 사용하는 물감의 수($\diamondsuit$)의 10배입니다.

⇨ $\star=\diamondsuit×10$

참고

$\star÷10=\diamondsuit$, $\diamondsuit×10=\star$, $\diamondsuit=\star÷10$으로 나타낼 수도 있습니다.

❹ 약분과 통분

75쪽

1-1 (1) 예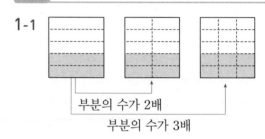

(2) 같은에 ◯표

1-2 (1) 예

(2) 같은에 ◯표

2-1 $\dfrac{1}{3}$, $\dfrac{3}{9}$ 또는 $\dfrac{3}{9}$, $\dfrac{1}{3}$

2-2 $\dfrac{4}{8}$, $\dfrac{1}{2}$ 또는 $\dfrac{1}{2}$, $\dfrac{4}{8}$

3-1 $\dfrac{1}{3}$에 ◯표   **3-2** $\dfrac{2}{10}$에 ◯표

77쪽

1-1 $\dfrac{2\times\boxed{2}}{5\times\boxed{2}}$, $\dfrac{2\times\boxed{3}}{5\times\boxed{3}}$ **1-2** $\dfrac{2\times\boxed{2}}{3\times\boxed{2}}$, $\dfrac{2\times\boxed{4}}{3\times\boxed{4}}$

2-1 $\dfrac{4\div\boxed{2}}{16\div\boxed{2}}$, $\dfrac{4\div\boxed{4}}{16\div\boxed{4}}$ **2-2** $\dfrac{6\div\boxed{2}}{18\div\boxed{2}}$, $\dfrac{6\div\boxed{3}}{18\div\boxed{3}}$

3-1 18, 27   **3-2** 9, 6

79쪽

1-1 (1) 1, 2, 3, 6

(2) 2, $\dfrac{\boxed{12}}{15}$; 3, $\dfrac{8}{\boxed{10}}$; $\dfrac{24\div\boxed{6}}{30\div\boxed{6}}$, $\dfrac{4}{5}$

1-2 (1) 1, 2, 5, 10

(2) 2, $\dfrac{\boxed{15}}{50}$; 5, $\dfrac{6}{\boxed{20}}$; $\dfrac{30\div\boxed{10}}{100\div\boxed{10}}$, $\dfrac{3}{\boxed{10}}$

2-1 $\dfrac{6\div\boxed{6}}{30\div\boxed{6}}$, $\dfrac{1}{\boxed{6}}$ **2-2** $\dfrac{3\div\boxed{3}}{21\div\boxed{3}}$, $\dfrac{1}{\boxed{7}}$

3-1 $\dfrac{17}{36}$에 ◯표   **3-2** (   )(   )(◯)

75쪽

2-1 전체를 똑같이 나눈 부분의 수는 다르지만 색칠된 부분의 크기가 같은 것을 찾으면 $\dfrac{1}{3}$과 $\dfrac{3}{9}$입니다.

2-2 전체를 똑같이 나눈 부분의 수는 다르지만 색칠된 부분의 크기가 같은 것을 찾으면 $\dfrac{4}{8}$와 $\dfrac{1}{2}$입니다.

3-1 전체를 똑같이 9로 나눈 것 중 3이므로 $\dfrac{3}{9}$입니다.

⇨ $\dfrac{3}{9}=\dfrac{1}{3}$

3-2 전체를 똑같이 5로 나눈 것 중의 1이므로 $\dfrac{1}{5}$입니다.

⇨ $\dfrac{1}{5}=\dfrac{2}{10}$

77쪽

1-1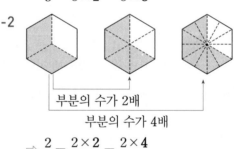

부분의 수가 2배
부분의 수가 3배

⇨ $\dfrac{2}{5}=\dfrac{2\times2}{5\times2}=\dfrac{2\times3}{5\times3}$

1-2

부분의 수가 2배
부분의 수가 4배

⇨ $\dfrac{2}{3}=\dfrac{2\times2}{3\times2}=\dfrac{2\times4}{3\times4}$

2-1 16칸으로 나누어진 수직선을 8칸(÷2), 4칸(÷4)으로 다시 나누었습니다.

⇨ $\dfrac{4}{16}=\dfrac{4\div2}{16\div2}=\dfrac{4\div4}{16\div4}$

2-2 18칸으로 나누어진 막대와 길이가 같은 것을 9칸(÷2), 6칸(÷3)으로 다시 나누었습니다.

⇨ $\dfrac{6}{18}=\dfrac{6\div2}{18\div2}=\dfrac{6\div3}{18\div3}$

3-1 $\dfrac{4}{9}=\dfrac{4\times2}{9\times2}=\dfrac{4\times3}{9\times3}$

⇨ $\dfrac{4}{9}=\dfrac{8}{18}=\dfrac{12}{27}$

3-2 $\dfrac{18}{48}=\dfrac{18\div2}{48\div2}=\dfrac{18\div3}{48\div3}$

⇨ $\dfrac{18}{48}=\dfrac{9}{24}=\dfrac{6}{16}$

79쪽

1-1 (1)
$$2\,)\underline{\,24\quad30\,}$$
$$3\,)\underline{\,12\quad15\,}$$
$$\quad\;\,4\quad\;\;5$$
⇨ 최대공약수: $2\times3=6$
공약수: 1, 2, 3, 6

(2) 1을 제외한 나머지 공약수로 분모와 분자를 나누어 약분합니다.

1-2 (1)
$$2\,)\underline{\,30\quad100\,}$$
$$5\,)\underline{\,15\quad50\,}$$
$$\quad\;\,3\quad\;\;10$$
⇨ 최대공약수: $2\times5=10$
공약수: 1, 2, 5, 10

(2) 1을 제외한 나머지 공약수로 분모와 분자를 나누어 약분합니다.

2-1 생각 열기 분모와 분자의 공약수가 1뿐인 분수를 기약분수라고 하므로 최대공약수로 분모와 분자를 나누면 한번에 기약분수로 나타낼 수 있습니다.

$$2\,)\underline{\,6\quad36\,}$$
$$3\,)\underline{\,3\quad18\,}$$
$$\quad\;\,1\quad\;\;6$$
⇨ 최대공약수: $2\times3=6$

기약분수로 나타내면 $\dfrac{6}{36}=\dfrac{6\div6}{36\div6}=\dfrac{1}{6}$입니다.

2-2
$$3\,)\underline{\,3\quad21\,}$$
$$\quad\;\,1\quad\;\;7$$
⇨ 최대공약수: 3

기약분수로 나타내면 $\dfrac{3}{21}=\dfrac{3\div3}{21\div3}=\dfrac{1}{7}$입니다.

3-1 • $\dfrac{56}{72}$에서 56과 72의 공약수: 1, 2, 4, 8

• $\dfrac{17}{36}$에서 17과 36의 공약수: 1

⇨ $\dfrac{17}{36}$은 기약분수입니다.

3-2 • $\dfrac{15}{25}$에서 15와 25의 공약수: 1, 5

• $\dfrac{35}{49}$에서 35와 49의 공약수: 1, 7

• $\dfrac{9}{11}$에서 9와 11의 공약수: 1

⇨ $\dfrac{9}{11}$는 기약분수입니다.

STEP **2** 개념 **확인하기** 80 ~ 81쪽

01 예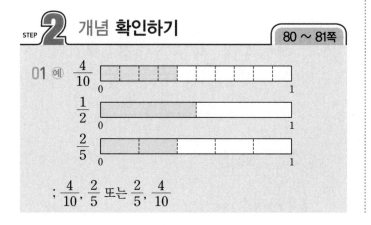

; $\dfrac{4}{10}$, $\dfrac{2}{5}$ 또는 $\dfrac{2}{5}$, $\dfrac{4}{10}$

02 $\dfrac{2}{3}$, $\dfrac{8}{12}$에 ○표

03 예 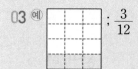 ; $\dfrac{3}{12}$

04 (1) 3, 4 (2) 2, 3

05 3, 6, 40, 80 **06** $\dfrac{2}{8}$

07 (1) 예 $\dfrac{6}{10}$, $\dfrac{9}{15}$ (2) 예 $\dfrac{12}{16}$, $\dfrac{6}{8}$

08 ③, ⑤ **09** $\dfrac{21}{56}$

10 $\dfrac{9}{12}$, $\dfrac{6}{8}$, $\dfrac{3}{4}$ **11** $\dfrac{5}{7}$

12 5, 7, 35

13 아닙니다 ; 예 분모와 분자의 공약수가 1, 2로 1 이외에도 공약수가 있기 때문에 기약분수가 아닙니다.

14 6 **15** 28, 4

01 분수만큼 색칠하면 색칠한 부분의 크기가 같은 것은 $\dfrac{4}{10}$와 $\dfrac{2}{5}$입니다.

참고
왼쪽에서부터 색칠하면 색칠한 부분의 크기를 비교하기 더 편리합니다.

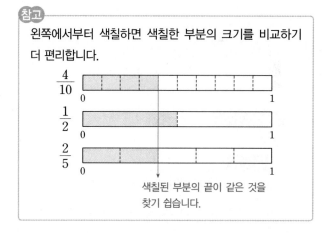

색칠된 부분의 끝이 같은 것을 찾기 쉽습니다.

02 6칸 중 4칸만큼 색칠되어 있으므로 $\dfrac{4}{6}$입니다.

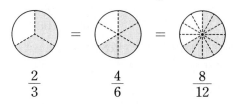

$$\dfrac{2}{3}\qquad\dfrac{4}{6}\qquad\dfrac{8}{12}$$

03 전체를 12로 나눈 것 중의 3을 색칠합니다.

05 $\dfrac{12}{20}=\dfrac{12\div2}{20\div2}=\dfrac{6}{10}$, $\dfrac{12}{20}=\dfrac{12\div4}{20\div4}=\dfrac{3}{5}$,

$\dfrac{12}{20}=\dfrac{12\times2}{20\times2}=\dfrac{24}{40}$, $\dfrac{12}{20}=\dfrac{12\times4}{20\times4}=\dfrac{48}{80}$

06 $\dfrac{14}{56}=\dfrac{14\div 7}{56\div 7}=\dfrac{2}{8}$

07 (1) $\dfrac{3}{5}=\dfrac{3\times 2}{5\times 2}=\dfrac{3\times 3}{5\times 3}\cdots\cdots$

$\Rightarrow \dfrac{3}{5}=\dfrac{6}{10}=\dfrac{9}{15}\cdots\cdots$

(2) $\dfrac{24}{32}=\dfrac{24\div 2}{32\div 2}=\dfrac{24\div 4}{32\div 4}=\dfrac{24\div 8}{32\div 8}\cdots\cdots$

$\Rightarrow \dfrac{24}{32}=\dfrac{12}{16}=\dfrac{6}{8}=\dfrac{3}{4}\cdots\cdots$

08 $\dfrac{2}{7}=\dfrac{2\times 2}{7\times 2}=\dfrac{4}{14}$, $\dfrac{2}{7}=\dfrac{2\times 3}{7\times 3}=\dfrac{6}{21}$

09 구하려는 분수를 $\dfrac{21}{\square}$이라 하면 $\dfrac{3}{8}=\dfrac{3\times\triangle}{8\times\triangle}=\dfrac{21}{\square}$입니다.

$3\times\triangle=21$이므로 $\triangle=7$입니다.

따라서 분모와 분자에 각각 7을 곱하면 $\dfrac{3\times 7}{8\times 7}=\dfrac{21}{56}$입니다.

10 18과 24의 공약수: 1, 2, 3, 6

$\Rightarrow \dfrac{18\div 2}{24\div 2}=\dfrac{9}{12}$, $\dfrac{18\div 3}{24\div 3}=\dfrac{6}{8}$, $\dfrac{18\div 6}{24\div 6}=\dfrac{3}{4}$

11
$\begin{array}{r}2)\underline{60\quad 84}\\ 2)\underline{30\quad 42}\\ 3)\underline{15\quad 21}\\ 5\quad 7\end{array}$ ⇨ 최대공약수: $2\times 2\times 3=12$

$\dfrac{60}{84}=\dfrac{60\div 12}{84\div 12}=\dfrac{5}{7}$

12
$\begin{array}{r}5)\underline{35\quad 70}\\ 7)\underline{7\quad 14}\\ 1\quad 2\end{array}$ ⇨ 최대공약수: 35

공약수: 1, 5, 7, 35

13 **서술형 가이드** 분모와 분자의 공약수가 1뿐인 분수인지 확인합니다.

채점 기준

상	기약분수가 아닌 것을 쓰고 이유를 바르게 씀.
중	기약분수가 아님을 알았으나 이유를 쓰지 못함.
하	기약분수가 아닌 것을 알지 못함.

14 구하려는 분수를 $\dfrac{5}{\square}$라 하면 $\dfrac{90}{108}=\dfrac{90\div\triangle}{108\div\triangle}=\dfrac{5}{\square}$입니다.

$90\div\triangle=5$이므로 $\triangle=18$입니다.

따라서 분모와 분자를 각각 18로 나누면

$\dfrac{90\div 18}{108\div 18}=\dfrac{5}{6}$입니다.

15 64와 224의 공약수는 1, 2, 4, 8, 16, 32입니다.

$\dfrac{64}{224}=\dfrac{64\div 8}{224\div 8}=\dfrac{8}{28}$ ⇨ ㉠=28

$\dfrac{64}{224}=\dfrac{64\div 16}{224\div 16}=\dfrac{4}{14}$ ⇨ ㉡=4

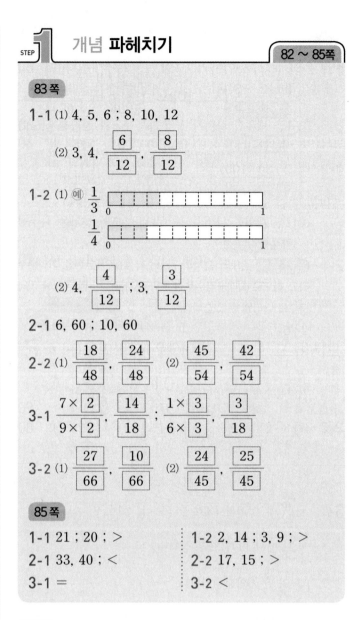

STEP 1 개념 파헤치기   82~85쪽

83쪽

1-1 (1) 4, 5, 6 ; 8, 10, 12

(2) 3, 4, $\dfrac{6}{12}$, $\dfrac{8}{12}$

1-2 (1) 예) $\dfrac{1}{3}$; $\dfrac{1}{4}$

(2) 4, $\dfrac{4}{12}$; 3, $\dfrac{3}{12}$

2-1 6, 60 ; 10, 60

2-2 (1) $\dfrac{18}{48}$, $\dfrac{24}{48}$ (2) $\dfrac{45}{54}$, $\dfrac{42}{54}$

3-1 $\dfrac{7\times 2}{9\times 2}$, $\dfrac{14}{18}$; $\dfrac{1\times 3}{6\times 3}$, $\dfrac{3}{18}$

3-2 (1) $\dfrac{27}{66}$, $\dfrac{10}{66}$ (2) $\dfrac{24}{45}$, $\dfrac{25}{45}$

85쪽

1-1 21 ; 20 ; >   **1-2** 2, 14 ; 3, 9 ; >

2-1 33, 40 ; <   **2-2** 17, 15 ; >

3-1 =   **3-2** <

83쪽

1-1 (1) 분모와 분자에 각각 0이 아닌 같은 수를 곱합니다.

(2) 분모가 같은 분수를 찾으면 분모가 6, 12일 때입니다.

$\left(\dfrac{1}{2},\ \dfrac{2}{3}\right)\Rightarrow\left(\dfrac{3}{6},\ \dfrac{4}{6}\right),\left(\dfrac{6}{12},\ \dfrac{8}{12}\right)$

1-2 (1) $\dfrac{1}{3}$은 $\dfrac{4}{12}$와 같으므로 4칸 색칠하고, $\dfrac{1}{4}$은 $\dfrac{3}{12}$과 같으므로 3칸 색칠합니다.

2-2 (1) $\dfrac{9}{24}=\dfrac{9\times 2}{24\times 2}=\dfrac{18}{48}$, $\dfrac{1}{2}=\dfrac{1\times 24}{2\times 24}=\dfrac{24}{48}$

(2) $\dfrac{5}{6}=\dfrac{5\times 9}{6\times 9}=\dfrac{45}{54}$, $\dfrac{7}{9}=\dfrac{7\times 6}{9\times 6}=\dfrac{42}{54}$

3-1 $\begin{array}{r}3)\underline{9\quad 6}\\ 3\quad 2\end{array}$ ⇨ 최소공배수: $3\times 3\times 2=18$

$\dfrac{7}{9}=\dfrac{7\times 2}{9\times 2}=\dfrac{14}{18}$

$\dfrac{1}{6}=\dfrac{1\times 3}{6\times 3}=\dfrac{3}{18}$

3-2 (1) $11\,)\,\underline{22\quad33}$ ⇨ 최소공배수: $11\times2\times3=66$
$\qquad\qquad 2\quad\ 3$

$\qquad \dfrac{9}{22}=\dfrac{9\times3}{22\times3}=\dfrac{27}{66},\ \dfrac{5}{33}=\dfrac{5\times2}{33\times2}=\dfrac{10}{66}$

(2) $3\,)\,\underline{15\quad9}$ ⇨ 최소공배수: $3\times5\times3=45$
$\qquad\quad\ 5\quad\ 3$

$\qquad \dfrac{8}{15}=\dfrac{8\times3}{15\times3}=\dfrac{24}{45},\ \dfrac{5}{9}=\dfrac{5\times5}{9\times5}=\dfrac{25}{45}$

85쪽

1-1 두 분모의 최소공배수를 공통분모로 하여 통분하면
$\dfrac{21}{36},\dfrac{20}{36}$입니다. $\dfrac{21}{36}>\dfrac{20}{36}$이므로 $\dfrac{7}{12}>\dfrac{5}{9}$입니다.

1-2 두 분모의 최소공배수를 공통분모로 하여 통분하면
$1\dfrac{14}{60},1\dfrac{9}{60}$입니다. $1\dfrac{14}{60}>1\dfrac{9}{60}$이므로 $1\dfrac{7}{30}>1\dfrac{3}{20}$입니다.

2-1 $\dfrac{11}{16}=\dfrac{11\times3}{16\times3}=\dfrac{33}{48},\ \dfrac{5}{6}=\dfrac{5\times8}{6\times8}=\dfrac{40}{48}$

⇨ $\dfrac{33}{48}<\dfrac{40}{48}$이므로 $\dfrac{11}{16}<\dfrac{5}{6}$입니다.

2-2 $\dfrac{5}{12}=\dfrac{5\times3}{12\times3}=\dfrac{15}{36}$

⇨ $\dfrac{17}{36}>\dfrac{15}{36}$이므로 $\dfrac{17}{36}>\dfrac{5}{12}$입니다.

3-1 $\dfrac{10}{15}=\dfrac{10\times3}{15\times3}=\dfrac{30}{45},\ \dfrac{6}{9}=\dfrac{6\times5}{9\times5}=\dfrac{30}{45}$

⇨ $\dfrac{30}{45}=\dfrac{30}{45}$이므로 $\dfrac{10}{15}=\dfrac{6}{9}$입니다.

3-2 $1\dfrac{3}{10}=1\dfrac{3\times6}{10\times6}=1\dfrac{18}{60},\ 1\dfrac{5}{12}=1\dfrac{5\times5}{12\times5}=1\dfrac{25}{60}$

⇨ $1\dfrac{18}{60}<1\dfrac{25}{60}$이므로 $1\dfrac{3}{10}<1\dfrac{5}{12}$입니다.

STEP 2 개념 확인하기 **86 ~ 87쪽**

01 $\dfrac{8}{18}=\dfrac{12}{27}=\dfrac{16}{36},\ \dfrac{14}{24}=\dfrac{21}{36}=\dfrac{28}{48},\ \dfrac{16}{36},\dfrac{21}{36}$

02 24, 35 **03** $\dfrac{25}{30},\dfrac{8}{30}$

04 ㉢ **05** 5

06 ( )( )(○) **07** 30, 72

08 < **09** <

10 석가탑 **11** ㉡

12 $\dfrac{7}{12}$에 ○표 **13** 진우

02 $\dfrac{3}{7}=\dfrac{3\times8}{7\times8}=\dfrac{24}{56},\ \dfrac{5}{8}=\dfrac{5\times7}{8\times7}=\dfrac{35}{56}$

03 $3\,)\,\underline{6\quad15}$ ⇨ 최소공배수: $3\times2\times5=30$
$\qquad\ 2\quad\ 5$

$\dfrac{5}{6}=\dfrac{5\times5}{6\times5}=\dfrac{25}{30},\ \dfrac{4}{15}=\dfrac{4\times2}{15\times2}=\dfrac{8}{30}$

04 $4\,)\,\underline{16\quad20}$ ⇨ 최소공배수: $4\times4\times5=80$
$\qquad\ 4\quad\ 5$

80의 배수: 80, 160, 240, 320, 400……
공통분모는 최소공배수인 80의 배수가 될 수 있으므로
공통분모가 될 수 없는 것은 ㉢ 200입니다.

05 $8\times\square=40$, $\square=5$

06 8과 20의 최소공배수: 40
40과 5의 최소공배수: 40
4와 10의 최소공배수: 20

07 $\dfrac{5}{12}$의 분모와 분자에 각각 0이 아닌 같은 수를 곱했을 때
만들어지는 분수는 $\dfrac{5}{12}$와 크기가 같습니다.
$\dfrac{5}{12}$와 크기가 같은 분수는 $\dfrac{10}{24},\dfrac{15}{36},\dfrac{20}{48},\dfrac{25}{60},\dfrac{30}{72}$……
이므로 이 중 주어진 수 카드로 만들 수 있는 분수는
$\dfrac{30}{72}$입니다.

08 $\dfrac{3}{14}=\dfrac{3\times10}{14\times10}=\dfrac{30}{140},\ \dfrac{7}{20}=\dfrac{7\times7}{20\times7}=\dfrac{49}{140}$

⇨ $\dfrac{30}{140}<\dfrac{49}{140}$이므로 $\dfrac{3}{14}<\dfrac{7}{20}$입니다.

09 $5\dfrac{9}{10}=5\dfrac{9\times6}{10\times6}=5\dfrac{54}{60},\ 5\dfrac{11}{12}=5\dfrac{11\times5}{12\times5}=5\dfrac{55}{60}$

⇨ $5\dfrac{54}{60}<5\dfrac{55}{60}$이므로 $5\dfrac{9}{10}<5\dfrac{11}{12}$입니다.

10 $\left(10\dfrac{29}{100},\ 10\dfrac{3}{4}\right)$ ⇨ $\left(10\dfrac{29}{100},\ 10\dfrac{75}{100}\right)$

⇨ $10\dfrac{29}{100}<10\dfrac{3}{4}$

따라서 **석가탑**이 더 높습니다.

11 ㉠ $\dfrac{2}{3}=\dfrac{2\times3}{3\times3}=\dfrac{6}{9}$ ⇨ $\dfrac{2}{3}<\dfrac{7}{9}$ (○)

㉡ $\dfrac{3}{7}=\dfrac{3\times8}{7\times8}=\dfrac{24}{56},\ \dfrac{3}{8}=\dfrac{3\times7}{8\times7}=\dfrac{21}{56}$

⇨ $\dfrac{3}{7}>\dfrac{3}{8}$ (×)

12 $\left(\dfrac{3}{7},\dfrac{5}{6}\right)$ ⇨ $\left(\dfrac{18}{42},\dfrac{35}{42}\right)$ ⇨ $\dfrac{3}{7}<\dfrac{5}{6}$

$\left(\dfrac{7}{12},\dfrac{4}{7}\right)$ ⇨ $\left(\dfrac{49}{84},\dfrac{48}{84}\right)$ ⇨ $\dfrac{7}{12}>\dfrac{4}{7}$

13 진우: 분모와 분자에 각각 0이 아닌 수를 곱해야 합니다.

STEP 1 개념 파헤치기

89쪽

1-1 15, 12, > ; 21, 20, > ; >, >

1-2 9, < ; $\dfrac{6}{10}$, < ; <, <

2-1 (1) >, <, <

(2) $\dfrac{5}{6}$, $\dfrac{2}{3}$, $\dfrac{1}{4}$

2-2 (1) >, <, <

(2) $\dfrac{5}{8}$, $\dfrac{3}{7}$, $\dfrac{2}{5}$

3-1 $\dfrac{4}{5}$

3-2 $\dfrac{4}{9}$

91쪽

1-1 (1) 3 ; 12

(2) <, <

1-2 (1) 45 ; 25, 45

(2) <, <

2-1 (왼쪽부터)

(1) 6, <, 7

(2) 6, 12, <

2-2 (왼쪽부터)

(1) <, 9, 45

(2) 15, >, 7, 14

3-1 <

3-2 >

93쪽

1-1 (1) 75, 0.75

(2) <, <

1-2 (1) 4, 1.4

(2) >, 1.4, >

2-1 (왼쪽부터)

(1) 6, 0.6, =

(2) <, 84, 0.84

2-2 (왼쪽부터)

(1) >, 85, 0.85

(2) 25, 0.25, <

3-1 =

3-2 <

89쪽

1-1 $\dfrac{3}{4}=\dfrac{3\times5}{4\times5}=\dfrac{15}{20}$, $\dfrac{3}{5}=\dfrac{3\times4}{5\times4}=\dfrac{12}{20}$ ⇨ $\dfrac{3}{4}>\dfrac{3}{5}$

$\dfrac{3}{5}=\dfrac{3\times7}{5\times7}=\dfrac{21}{35}$, $\dfrac{4}{7}=\dfrac{4\times5}{7\times5}=\dfrac{20}{35}$ ⇨ $\dfrac{3}{5}>\dfrac{4}{7}$

따라서 $\dfrac{3}{4}$이 가장 크고 $\dfrac{4}{7}$가 가장 작습니다.

1-2 $\dfrac{3}{5}=\dfrac{3\times3}{5\times3}=\dfrac{9}{15}$ ⇨ $\dfrac{8}{15}<\dfrac{3}{5}$

$\dfrac{3}{5}=\dfrac{3\times2}{5\times2}=\dfrac{6}{10}$ ⇨ $\dfrac{3}{5}<\dfrac{7}{10}$

따라서 $\dfrac{8}{15}$이 가장 작고 $\dfrac{7}{10}$이 가장 큽니다.

2-1 (1) $\left(\dfrac{2}{3},\dfrac{1}{4}\right)$ ⇨ $\left(\dfrac{8}{12},\dfrac{3}{12}\right)$ ⇨ $\dfrac{2}{3}>\dfrac{1}{4}$

$\left(\dfrac{1}{4},\dfrac{5}{6}\right)$ ⇨ $\left(\dfrac{3}{12},\dfrac{10}{12}\right)$ ⇨ $\dfrac{1}{4}<\dfrac{5}{6}$

$\left(\dfrac{2}{3},\dfrac{5}{6}\right)$ ⇨ $\left(\dfrac{4}{6},\dfrac{5}{6}\right)$ ⇨ $\dfrac{2}{3}<\dfrac{5}{6}$

---

(2) $\dfrac{2}{3}>\dfrac{1}{4}$, $\dfrac{1}{4}<\dfrac{5}{6}$, $\dfrac{2}{3}<\dfrac{5}{6}$에서 $\dfrac{5}{6}$가 가장 크고 $\dfrac{1}{4}$이 가장 작습니다.

⇨ $\dfrac{5}{6}>\dfrac{2}{3}>\dfrac{1}{4}$

2-2 (1) $\left(\dfrac{3}{7},\dfrac{2}{5}\right)$ ⇨ $\left(\dfrac{15}{35},\dfrac{14}{35}\right)$ ⇨ $\dfrac{3}{7}>\dfrac{2}{5}$

$\left(\dfrac{2}{5},\dfrac{5}{8}\right)$ ⇨ $\left(\dfrac{16}{40},\dfrac{25}{40}\right)$ ⇨ $\dfrac{2}{5}<\dfrac{5}{8}$

$\left(\dfrac{3}{7},\dfrac{5}{8}\right)$ ⇨ $\left(\dfrac{24}{56},\dfrac{35}{56}\right)$ ⇨ $\dfrac{3}{7}<\dfrac{5}{8}$

(2) $\dfrac{3}{7}>\dfrac{2}{5}$, $\dfrac{2}{5}<\dfrac{5}{8}$, $\dfrac{3}{7}<\dfrac{5}{8}$에서 $\dfrac{5}{8}$가 가장 크고 $\dfrac{2}{5}$가 가장 작습니다.

⇨ $\dfrac{5}{8}>\dfrac{3}{7}>\dfrac{2}{5}$

3-1 $\left(\dfrac{4}{5},\dfrac{5}{9}\right)$ ⇨ $\left(\dfrac{36}{45},\dfrac{25}{45}\right)$ ⇨ $\dfrac{4}{5}>\dfrac{5}{9}$

$\left(\dfrac{5}{9},\dfrac{3}{11}\right)$ ⇨ $\left(\dfrac{55}{99},\dfrac{27}{99}\right)$ ⇨ $\dfrac{5}{9}>\dfrac{3}{11}$

$\left(\dfrac{4}{5},\dfrac{3}{11}\right)$ ⇨ $\left(\dfrac{44}{55},\dfrac{15}{55}\right)$ ⇨ $\dfrac{4}{5}>\dfrac{3}{11}$

$\dfrac{4}{5}>\dfrac{5}{9}>\dfrac{3}{11}$이므로 가장 큰 분수는 $\dfrac{4}{5}$입니다.

3-2 $\left(\dfrac{9}{16},\dfrac{5}{6}\right)$ ⇨ $\left(\dfrac{27}{48},\dfrac{40}{48}\right)$ ⇨ $\dfrac{9}{16}<\dfrac{5}{6}$

$\left(\dfrac{5}{6},\dfrac{4}{9}\right)$ ⇨ $\left(\dfrac{15}{18},\dfrac{8}{18}\right)$ ⇨ $\dfrac{5}{6}>\dfrac{4}{9}$

$\left(\dfrac{9}{16},\dfrac{4}{9}\right)$ ⇨ $\left(\dfrac{81}{144},\dfrac{64}{144}\right)$ ⇨ $\dfrac{9}{16}>\dfrac{4}{9}$

$\dfrac{5}{6}>\dfrac{9}{16}>\dfrac{4}{9}$이므로 가장 작은 분수는 $\dfrac{4}{9}$입니다.

91쪽

1-1 (1) 0.3은 소수 한 자리 수이므로 $\dfrac{3}{10}$으로 나타낼 수 있습니다.

$\dfrac{3}{10}=\dfrac{3\times4}{10\times4}=\dfrac{12}{40}$

(2) $\dfrac{7}{40}<\dfrac{12}{40}$ ⇨ $\dfrac{7}{40}<0.3$

1-2 (1) 1.45는 소수 두 자리 수이므로 $1\dfrac{45}{100}$로 나타낼 수 있습니다.

$\left(1\dfrac{1}{4},1\dfrac{45}{100}\right)$ ⇨ $\left(1\dfrac{25}{100},1\dfrac{45}{100}\right)$

(2) $1\dfrac{25}{100}<1\dfrac{45}{100}$ ⇨ $1\dfrac{1}{4}<1.45$

2-1 (1) $\left(\dfrac{3}{5},0.7\right)$ ⇨ $\left(\dfrac{3}{5},\dfrac{7}{10}\right)$ ⇨ $\left(\dfrac{6}{10},\dfrac{7}{10}\right)$

⇨ $\dfrac{6}{10}<\dfrac{7}{10}$ ⇨ $\dfrac{3}{5}<0.7$

(2) $\left(0.6, \dfrac{13}{20}\right) \Rightarrow \left(\dfrac{6}{10}, \dfrac{13}{20}\right) \Rightarrow \left(\dfrac{12}{20}, \dfrac{13}{20}\right)$

$\Rightarrow \dfrac{12}{20} < \dfrac{13}{20} \Rightarrow 0.6 < \dfrac{13}{20}$

2-2 (1) $\left(\dfrac{7}{50}, 0.9\right) \Rightarrow \left(\dfrac{7}{50}, \dfrac{9}{10}\right) \Rightarrow \left(\dfrac{7}{50}, \dfrac{45}{50}\right)$

$\Rightarrow \dfrac{7}{50} < \dfrac{45}{50} \Rightarrow \dfrac{7}{50} < 0.9$

(2) $\left(\dfrac{3}{4}, 0.7\right) \Rightarrow \left(\dfrac{3}{4}, \dfrac{7}{10}\right) \Rightarrow \left(\dfrac{15}{20}, \dfrac{14}{20}\right)$

$\Rightarrow \dfrac{15}{20} > \dfrac{14}{20} \Rightarrow \dfrac{3}{4} > 0.7$

3-1 $0.8 = \dfrac{8}{10} = \dfrac{4}{5}, \ \dfrac{4}{5} = \dfrac{4 \times 3}{5 \times 3} = \dfrac{12}{15}$

$\Rightarrow \dfrac{4}{15} < \dfrac{12}{15}$이므로 $\dfrac{4}{15} < 0.8$입니다.

3-2 $0.75 = \dfrac{75}{100} = \dfrac{3}{4}$

$\dfrac{7 \times 4}{9 \times 4} = \dfrac{28}{36}, \ \dfrac{3 \times 9}{4 \times 9} = \dfrac{27}{36}$

$\Rightarrow \dfrac{28}{36} > \dfrac{27}{36}$이므로 $\dfrac{7}{9} > 0.75$입니다.

93쪽

1-1 (1) $\dfrac{3}{4} = \dfrac{3 \times 25}{4 \times 25} = \dfrac{75}{100} = 0.75$

(2) $0.6 < 0.75 \Rightarrow 0.6 < \dfrac{3}{4}$

1-2 (1) $1\dfrac{2}{5} = 1\dfrac{2 \times 2}{5 \times 2} = 1\dfrac{4}{10} = 1.4$

(2) $1.7 > 1.4 \Rightarrow 1.7 > 1\dfrac{2}{5}$

2-1 (1) $\left(\dfrac{3}{5}, 0.6\right) \Rightarrow \left(\dfrac{6}{10}, 0.6\right) \Rightarrow (\mathbf{0.6}, 0.6)$

$\Rightarrow \dfrac{3}{5} = 0.6$

(2) $\left(0.8, \dfrac{21}{25}\right) \Rightarrow \left(0.8, \dfrac{84}{100}\right) \Rightarrow (0.8, \mathbf{0.84})$

$\Rightarrow 0.8 < 0.84 \Rightarrow 0.8 < \dfrac{21}{25}$

2-2 (1) $\left(0.9, \dfrac{17}{20}\right) \Rightarrow \left(0.9, \dfrac{85}{100}\right) \Rightarrow (0.9, \mathbf{0.85})$

$\Rightarrow 0.9 > 0.85 \Rightarrow 0.9 > \dfrac{17}{20}$

(2) $\left(\dfrac{1}{4}, 0.3\right) \Rightarrow \left(\dfrac{25}{100}, 0.3\right) \Rightarrow (\mathbf{0.25}, 0.3)$

$\Rightarrow 0.25 < 0.3 \Rightarrow \dfrac{1}{4} < 0.3$

3-1 $\dfrac{13}{25} = \dfrac{13 \times 4}{25 \times 4} = \dfrac{52}{100} = 0.52$

$\Rightarrow 0.52 = 0.52$이므로 $0.52 = \dfrac{13}{25}$입니다.

3-2 $\dfrac{9}{10} = 0.9 \Rightarrow 0.38 < 0.9$이므로 $0.38 < \dfrac{9}{10}$입니다.

STEP **2** 개념 확인하기

01 <, >, >

02 $\dfrac{4}{7}, \dfrac{5}{9}, \dfrac{6}{13}$

03 $\dfrac{5}{12}, \dfrac{3}{8}, \dfrac{4}{15}$

04 다 비커

05 태진

06 $\dfrac{2}{9}, \dfrac{1}{2}, \dfrac{3}{5}$

07 (왼쪽부터) <, 8, 0.8

08 >

09 <

10 (○) ( )

11 지현

12 재욱

13 <

14 $0.2, \dfrac{1}{4}, 1.6, 1\dfrac{7}{10}$

---

01 **생각 열기** 두 분수끼리 차례로 통분하여 크기를 비교합니다.

$\left(\dfrac{5}{9}, \dfrac{4}{7}\right) \Rightarrow \left(\dfrac{35}{63}, \dfrac{36}{63}\right) \Rightarrow \dfrac{5}{9} < \dfrac{4}{7}$

$\left(\dfrac{4}{7}, \dfrac{6}{13}\right) \Rightarrow \left(\dfrac{52}{91}, \dfrac{42}{91}\right) \Rightarrow \dfrac{4}{7} > \dfrac{6}{13}$

$\left(\dfrac{5}{9}, \dfrac{6}{13}\right) \Rightarrow \left(\dfrac{65}{117}, \dfrac{54}{117}\right) \Rightarrow \dfrac{5}{9} > \dfrac{6}{13}$

02 $\dfrac{5}{9} < \dfrac{4}{7}, \dfrac{4}{7} > \dfrac{6}{13}, \dfrac{5}{9} > \dfrac{6}{13}$이므로 $\dfrac{4}{7}$가 가장 크고 $\dfrac{6}{13}$이 가장 작습니다.

03 두 분수끼리 차례로 통분하여 크기를 비교합니다.

$\left(\dfrac{3}{8}, \dfrac{5}{12}\right) \Rightarrow \left(\dfrac{9}{24}, \dfrac{10}{24}\right) \Rightarrow \dfrac{3}{8} < \dfrac{5}{12}$

$\left(\dfrac{5}{12}, \dfrac{4}{15}\right) \Rightarrow \left(\dfrac{25}{60}, \dfrac{16}{60}\right) \Rightarrow \dfrac{5}{12} > \dfrac{4}{15}$

$\left(\dfrac{3}{8}, \dfrac{4}{15}\right) \Rightarrow \left(\dfrac{45}{120}, \dfrac{32}{120}\right) \Rightarrow \dfrac{3}{8} > \dfrac{4}{15}$

따라서 큰 분수부터 차례로 쓰면 $\dfrac{5}{12}, \dfrac{3}{8}, \dfrac{4}{15}$입니다.

04 $\left(\dfrac{2}{3}, \dfrac{4}{5}\right) \Rightarrow \left(\dfrac{10}{15}, \dfrac{12}{15}\right) \Rightarrow \dfrac{2}{3} < \dfrac{4}{5}$

$\left(\dfrac{4}{5}, \dfrac{6}{7}\right) \Rightarrow \left(\dfrac{28}{35}, \dfrac{30}{35}\right) \Rightarrow \dfrac{4}{5} < \dfrac{6}{7}$

$\dfrac{2}{3} < \dfrac{4}{5} < \dfrac{6}{7}$이므로 **다 비커**에 용액이 가장 많이 들어 있습니다.

> **참고**
>
> 분자가 분모보다 1 작은 분수는 분모가 클수록 큰 분수입니다.
>
> $\Rightarrow \dfrac{2}{3} < \dfrac{4}{5} < \dfrac{6}{7}$

05 세 분수를 한꺼번에 통분하여 비교할 수 있습니다.

$$\left(\frac{4}{9},\ \frac{7}{12},\ \frac{11}{18}\right) \Rightarrow \left(\frac{16}{36},\ \frac{21}{36},\ \frac{22}{36}\right)$$
$$\Rightarrow \frac{16}{36} < \frac{21}{36} < \frac{22}{36} \Rightarrow \frac{4}{9} < \frac{7}{12} < \frac{11}{18}$$

따라서 철사를 가장 많이 사용한 사람은 **태진**입니다.

06 $\left(\frac{1}{2},\ \frac{3}{5},\ \frac{2}{9}\right) \Rightarrow \left(\frac{45}{90},\ \frac{54}{90},\ \frac{20}{90}\right)$

$$\Rightarrow \frac{20}{90} < \frac{45}{90} < \frac{54}{90} \Rightarrow \frac{2}{9} < \frac{1}{2} < \frac{3}{5}$$

07 $\frac{4}{5} = \frac{8}{10} = 0.8$

$\Rightarrow 0.7 < 0.8$이므로 $0.7 < \frac{4}{5}$입니다.

08 $\frac{3}{4} = \frac{3 \times 25}{4 \times 25} = \frac{75}{100} = 0.75$

$\Rightarrow 0.75 > 0.72$이므로 $\frac{3}{4} > 0.72$입니다.

09 $2.6 = 2\frac{6}{10} = 2\frac{3}{5} \Rightarrow 2\frac{3}{5} < 2\frac{4}{5}$이므로 $2.6 < 2\frac{4}{5}$입니다.

10 $9.65 = 9\frac{65 \div 5}{100 \div 5} = 9\frac{13}{20}$

$9\frac{17}{20} > 9\frac{13}{20}$이므로 $9\frac{17}{20} > 9.65$입니다.

> **다른 풀이**
>
> 분수를 소수로 나타내어 비교할 수도 있습니다.
>
> $9\frac{17}{20} = 9\frac{85}{100} = 9.85$
>
> $\Rightarrow 9.85 > 9.65$이므로 $9\frac{17}{20} > 9.65$입니다.

11 $1\frac{43}{50} = 1\frac{43 \times 2}{50 \times 2} = 1\frac{86}{100} = 1.86$

$\Rightarrow 1.86 > 1.7$이므로 **지현**이가 더 많이 걸었습니다.

12 $38\frac{5}{8} = 38\frac{5 \times 125}{8 \times 125} = 38\frac{625}{1000} = 38.625$

$\Rightarrow 38.625 < 38.74$
따라서 더 무거운 사람은 **재욱**입니다.

13 $\frac{47}{50} - \frac{21}{50} = \frac{26}{50} = \frac{26 \times 2}{50 \times 2} = \frac{52}{100} = 0.52$

$\Rightarrow 0.52 < 0.55$

14 소수로 나타내어 크기를 비교해 봅니다.

$1\frac{7}{10} = 1.7,\ \frac{1}{4} = \frac{25}{100} = 0.25$

따라서 작은 수부터 차례로 쓰면 $0.2,\ \frac{1}{4},\ 1.6,\ 1\frac{7}{10}$입니다.

STEP 3 단원 마무리평가

96 ~ 99쪽

01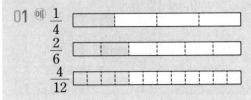

; $\frac{2}{6},\ \frac{4}{12}$에 ○표

02 12, 20, 6

03 $\frac{18}{48}$에 ○표

04 $\frac{1}{3}$

05 $\frac{63}{108},\ \frac{60}{108}$

06 ㉢

07 🦁에 ○표

08 ╳

09 (1) < (2) >

10 예

; $\frac{9}{15}$

11 ㉠

12 24

13 9

14 $\frac{22}{25}$

15 초등학교

16 나리 ; 예 $\frac{28}{42}$을 기약분수로 나타내면 분모와 분자를
14로 나누어 $\frac{28 \div 14}{42 \div 14} = \frac{2}{3}$입니다.

17 $\frac{11}{21},\ \frac{2}{9}$

18 $\frac{1}{6},\ \frac{5}{6}$

19 1, 5, 7, 11

20 $\frac{3}{12},\ \frac{4}{16},\ \frac{5}{20}$

창의·융합 문제

1) (1)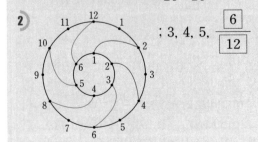

(2) 20   (3) 20   (4) $\frac{15}{20},\ \frac{16}{20}$

2) ; 3, 4, 5, $\boxed{\dfrac{6}{12}}$

01 분수만큼 색칠하면 $\frac{2}{6}$와 $\frac{4}{12}$의 크기가 같습니다.

02 $\frac{24}{60}=\frac{24\div2}{60\div2}=\frac{24\div3}{60\div3}=\frac{24\div4}{60\div4}$

⇨ $\frac{24}{60}=\frac{12}{30}=\frac{8}{20}=\frac{6}{15}$

03 $\frac{9}{24}$의 분모와 분자에 각각 0이 아닌 같은 수를 곱하거나 분모와 분자를 각각 0이 아닌 같은 수로 나누어서 크기가 같은 분수를 만들 수 있습니다.

$\frac{9}{24}=\frac{9\times2}{24\times2}=\frac{18}{48}$

04 $\frac{48}{144}=\frac{48\div48}{144\div48}=\frac{1}{3}$

05 $\left(\frac{7}{12},\ \frac{5}{9}\right)$ ⇨ $\left(\frac{7\times9}{12\times9},\ \frac{5\times12}{9\times12}\right)$ ⇨ $\left(\frac{63}{108},\ \frac{60}{108}\right)$

06 분모와 분자의 공약수가 1뿐인 분수를 기약분수라 하므로 더 이상 나누어지지 않습니다.

© 18과 21의 공약수는 1, 3이므로 $\frac{18}{21}$은 기약분수가 아닙니다.

07 36과 48의 최대공약수가 12이므로 12의 약수 중 1을 제외한 2, 3, 4, 6, 12로 분모와 분자를 각각 나눌 수 있습니다. 따라서 36과 48의 공약수가 아닌 5를 따라 사다리를 타면 사자가 나옵니다.

08 $\cdot\ \frac{1}{3}=\frac{1\times18}{3\times18}=\frac{18}{54}$ $\qquad\cdot\ \frac{2}{3}=\frac{2\times8}{3\times8}=\frac{16}{24}$

09 (1) $\left(\frac{23}{42},\ \frac{7}{10}\right)$ ⇨ $\left(\frac{115}{210},\ \frac{147}{210}\right)$ ⇨ $\frac{23}{42}<\frac{7}{10}$

(2) $\left(\frac{9}{16},\ \frac{11}{20}\right)$ ⇨ $\left(\frac{45}{80},\ \frac{44}{80}\right)$ ⇨ $\frac{9}{16}>\frac{11}{20}$

10 전체를 똑같이 15로 나누었으므로 그중에서 9만큼 색칠합니다.

11 © $1\frac{3}{4}=1\frac{3\times25}{4\times25}=1\frac{75}{100}=1.75$

⇨ ㉠ $1.8>$ © 1.75

다른 풀이

㉠ $1.8=1\frac{8}{10}=1\frac{4}{5}$

$\left(1\frac{4}{5},\ 1\frac{3}{4}\right)$ ⇨ $\left(1\frac{16}{20},\ 1\frac{15}{20}\right)$ ⇨ $1\frac{16}{20}>1\frac{15}{20}$

12 $\frac{4}{9}$와 $\frac{7}{12}$을 통분할 때, 공통분모가 될 수 있는 수는 9와 12의 공배수인 36, 72, 108……입니다.

13 27과 72의 최대공약수로 나누면 한 번만 약분하여 기약분수로 나타낼 수 있습니다.

$\begin{array}{r}3\,)\ \underline{27\quad72}\\3\,)\ \underline{\ 9\quad24}\\3\quad8\end{array}$ ⇨ 최대공약수: $3\times3=9$

14 $\frac{22}{25}=\frac{88}{100}=0.88,\ \frac{17}{20}=\frac{85}{100}=0.85$

⇨ $0.8<0.85<0.88$

15 $\left(2\frac{5}{11},\ 2\frac{3}{4}\right)$ ⇨ $\left(2\frac{20}{44},\ 2\frac{33}{44}\right)$ ⇨ $2\frac{5}{11}<2\frac{3}{4}$이므로 **초등학교**가 유진이네 집에서 더 가깝습니다.

16 경우: $\frac{16}{56}=\frac{8}{28}=\frac{4}{14}=\frac{2}{7}$ ⇨ 3개

서술형 가이드 약분하여 크기가 같은 분수를 만들 수 있는지 확인합니다.

채점 기준

상	바르게 말한 사람을 찾고 이유를 바르게 씀.
중	바르게 말한 사람은 찾았으나 이유를 쓰지 못함.
하	바르게 말한 사람을 찾지 못함.

17 $\frac{33}{63}=\frac{33\div3}{63\div3}=\frac{11}{21},\ \frac{14}{63}=\frac{14\div7}{63\div7}=\frac{2}{9}$

18 분모가 6인 진분수: $\frac{1}{6},\ \frac{2}{6},\ \frac{3}{6},\ \frac{4}{6},\ \frac{5}{6}$

⇨ 기약분수: $\frac{1}{6},\ \frac{5}{6}$

19 □ 안에 들어갈 수 있는 수는 1, 2 …… 10, 11입니다. 기약분수이므로 □ 안에 들어갈 수 있는 수는 12와 약분이 되는 2, 3, 4, 6, 8, 9, 10은 될 수 없습니다. 따라서 □ 안에 들어갈 수 있는 수는 1, 5, 7, 11입니다.

20 $\frac{1}{4}$과 크기가 같은 분수는 $\frac{2}{8},\ \frac{3}{12},\ \frac{4}{16},\ \frac{5}{20},\ \frac{6}{24}$……입니다. $2+8=10,\ 3+12=15,\ 4+16=20,\ 5+20=25,\ 6+24=30$……이므로 분모와 분자의 합이 10보다 크고 30보다 작은 분수는 $\frac{3}{12},\ \frac{4}{16},\ \frac{5}{20}$입니다.

창의·융합 문제

1 (2) 4를 나타내는 막대와 5를 나타내는 막대가 처음 만나는 곳의 수는 20입니다.

(3) 4를 나타내는 막대와 5를 나타내는 막대가 처음으로 만나는 곳이 최소공배수입니다.

(4) $\frac{3}{4}=\frac{3\times5}{4\times5}=\frac{15}{20},\ \frac{4}{5}=\frac{4\times4}{5\times4}=\frac{16}{20}$

2 바깥쪽 원의 $2\times2=4$와 안쪽 원의 $1\times2=2$, 바깥쪽 원의 $2\times3=6$과 안쪽 원의 $1\times3=3$, 바깥쪽 원의 $2\times4=8$과 안쪽 원의 $1\times4=4$, 바깥쪽 원의 $2\times5=10$과 안쪽 원의 $1\times5=5$, 바깥쪽 원의 $2\times6=12$와 안쪽 원의 $1\times6=6$을 선으로 잇습니다.

⇨ $\frac{1}{2}=\frac{2}{4}=\frac{3}{6}=\frac{4}{8}=\frac{5}{10}=\frac{6}{12}$

5 분수의 덧셈과 뺄셈

STEP 1 개념 파헤치기

102 ~ 105쪽

103쪽

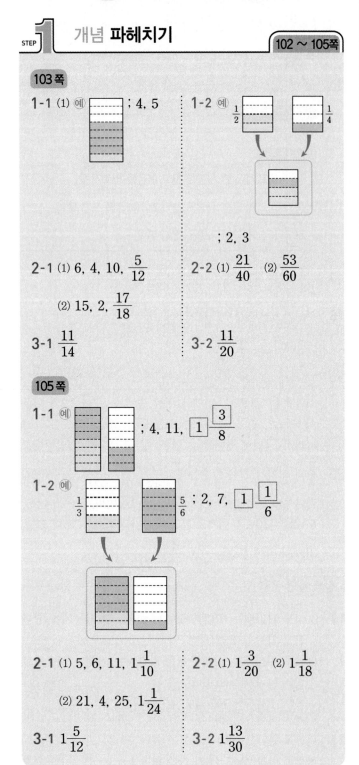

1-1 (1) 예 ; 4, 5

1-2 예 ; 2, 3

2-1 (1) 6, 4, 10, $\dfrac{5}{12}$

(2) 15, 2, $\dfrac{17}{18}$

2-2 (1) $\dfrac{21}{40}$ (2) $\dfrac{53}{60}$

3-1 $\dfrac{11}{14}$

3-2 $\dfrac{11}{20}$

105쪽

1-1 예 ; 4, 11, $\boxed{1\dfrac{3}{8}}$

1-2 예 ; 2, 7, $\boxed{1\dfrac{1}{6}}$

2-1 (1) 5, 6, 11, $1\dfrac{1}{10}$

(2) 21, 4, 25, $1\dfrac{1}{24}$

2-2 (1) $1\dfrac{3}{20}$ (2) $1\dfrac{1}{18}$

3-1 $1\dfrac{5}{12}$

3-2 $1\dfrac{13}{30}$

103쪽

1-1 $\dfrac{1}{2}=\dfrac{1\times4}{2\times4}=\dfrac{4}{8} \Rightarrow \dfrac{1}{8}+\dfrac{1}{2}=\dfrac{1}{8}+\dfrac{4}{8}=\dfrac{5}{8}$

1-2 $\dfrac{1}{2}$과 $\dfrac{1}{4}$을 분모 2와 4의 최소공배수인 4를 공통분모로 하여 통분합니다.

2-1 (1) $\dfrac{1}{4}+\dfrac{1}{6}=\dfrac{1\times6}{4\times6}+\dfrac{1\times4}{6\times4}$

$=\dfrac{6}{24}+\dfrac{4}{24}=\dfrac{10}{24}=\dfrac{5}{12}$

(2) $\dfrac{5}{6}+\dfrac{1}{9}=\dfrac{5\times3}{6\times3}+\dfrac{1\times2}{9\times2}=\dfrac{15}{18}+\dfrac{2}{18}=\dfrac{17}{18}$

2-2 (1) $\dfrac{1}{8}+\dfrac{2}{5}=\dfrac{5}{40}+\dfrac{16}{40}=\dfrac{21}{40}$

(2) $\dfrac{5}{12}+\dfrac{7}{15}=\dfrac{25}{60}+\dfrac{28}{60}=\dfrac{53}{60}$

3-1 $\dfrac{2}{7}+\dfrac{1}{2}=\dfrac{4}{14}+\dfrac{7}{14}=\dfrac{11}{14}$

3-2 $\dfrac{3}{10}+\dfrac{1}{4}=\dfrac{6}{20}+\dfrac{5}{20}=\dfrac{11}{20}$

105쪽

1-1 $\dfrac{1}{2}$과 $\dfrac{7}{8}$을 분모 2와 8의 최소공배수인 8을 공통분모로 하여 통분합니다.

$\dfrac{1}{2}=\dfrac{1\times4}{2\times4}=\dfrac{4}{8} \Rightarrow \dfrac{1}{2}+\dfrac{7}{8}=\dfrac{4}{8}+\dfrac{7}{8}=\dfrac{11}{8}=1\dfrac{3}{8}$

1-2 $\dfrac{1}{3}$과 $\dfrac{5}{6}$를 분모 3과 6의 최소공배수인 6을 공통분모로 하여 통분합니다.

$\dfrac{1}{3}=\dfrac{1\times2}{3\times2}=\dfrac{2}{6} \Rightarrow \dfrac{1}{3}+\dfrac{5}{6}=\dfrac{2}{6}+\dfrac{5}{6}=\dfrac{7}{6}=1\dfrac{1}{6}$

2-1 (1) $\dfrac{1}{2}+\dfrac{3}{5}=\dfrac{1\times5}{2\times5}+\dfrac{3\times2}{5\times2}$

$=\dfrac{5}{10}+\dfrac{6}{10}=\dfrac{11}{10}=1\dfrac{1}{10}$

(2) $\dfrac{7}{8}+\dfrac{1}{6}=\dfrac{7\times3}{8\times3}+\dfrac{1\times4}{6\times4}$

$=\dfrac{21}{24}+\dfrac{4}{24}=\dfrac{25}{24}=1\dfrac{1}{24}$

2-2 (1) $\dfrac{9}{10}+\dfrac{1}{4}=\dfrac{9\times2}{10\times2}+\dfrac{1\times5}{4\times5}$

$=\dfrac{18}{20}+\dfrac{5}{20}=\dfrac{23}{20}=1\dfrac{3}{20}$

(2) $\dfrac{2}{9}+\dfrac{5}{6}=\dfrac{2\times2}{9\times2}+\dfrac{5\times3}{6\times3}=\dfrac{4}{18}+\dfrac{15}{18}=\dfrac{19}{18}=1\dfrac{1}{18}$

3-1 $\dfrac{2}{3}+\dfrac{3}{4}=\dfrac{8}{12}+\dfrac{9}{12}=\dfrac{17}{12}=1\dfrac{5}{12}$

3-2 $\dfrac{9}{10}+\dfrac{8}{15}=\dfrac{27}{30}+\dfrac{16}{30}=\dfrac{43}{30}=1\dfrac{13}{30}$

> **다른 풀이**
>
> 두 분모의 곱을 공통분모로 하여 계산할 수도 있습니다.
>
> $\dfrac{9}{10}+\dfrac{8}{15}=\dfrac{9\times15}{10\times15}+\dfrac{8\times10}{15\times10}$
>
> $=\dfrac{135}{150}+\dfrac{80}{150}=\dfrac{215}{150}=1\dfrac{65}{150}=1\dfrac{13}{30}$

STEP 2 개념 확인하기

106 ～ 107쪽

01 $\dfrac{2}{9}+\dfrac{5}{12}=\dfrac{2\times4}{9\times4}+\dfrac{5\times3}{12\times3}=\dfrac{8}{36}+\dfrac{15}{36}=\dfrac{23}{36}$

02 (1) $\dfrac{14}{15}$ (2) $\dfrac{19}{24}$ **03** $\dfrac{13}{18}$

04 $\dfrac{17}{36}$ **05** $\dfrac{29}{56}$

06 $\dfrac{7}{8}$ **07** $<$

08 $1\dfrac{31}{40}$ **09** (1) $1\dfrac{4}{45}$ (2) $1\dfrac{11}{40}$

10 ✕   **11** (○) (　)

12 $1\dfrac{7}{12}$ 컵   **13** $1\dfrac{47}{63}$

---

02 **생각 열기** 분모가 다른 진분수의 덧셈을 할 때에는 두 분수를 통분한 후 분자끼리 더합니다.

(1) $\dfrac{3}{5}+\dfrac{1}{3}=\dfrac{9}{15}+\dfrac{5}{15}=\dfrac{14}{15}$

(2) $\dfrac{1}{6}+\dfrac{5}{8}=\dfrac{4}{24}+\dfrac{15}{24}=\dfrac{19}{24}$

03 $\dfrac{1}{2}+\dfrac{2}{9}=\dfrac{9}{18}+\dfrac{4}{18}=\dfrac{13}{18}$

04 $\dfrac{5}{12}+\dfrac{1}{18}=\dfrac{15}{36}+\dfrac{2}{36}=\dfrac{17}{36}$

05 $\dfrac{1}{7}+\dfrac{3}{8}=\dfrac{8}{56}+\dfrac{21}{56}=\dfrac{29}{56}$

06 $\dfrac{3}{4}+\dfrac{1}{8}=\dfrac{6}{8}+\dfrac{1}{8}=\dfrac{7}{8}$

07 $\dfrac{4}{15}+\dfrac{1}{3}=\dfrac{4}{15}+\dfrac{5}{15}=\dfrac{9}{15}=\dfrac{3}{5}$

$\dfrac{4}{9}+\dfrac{5}{18}=\dfrac{8}{18}+\dfrac{5}{18}=\dfrac{13}{18}$

$\Rightarrow\left(\dfrac{3}{5},\dfrac{13}{18}\right)\Rightarrow\left(\dfrac{54}{90},\dfrac{65}{90}\right)\Rightarrow\dfrac{3}{5}<\dfrac{13}{18}$

08 $\dfrac{7}{8}+\dfrac{9}{10}=\dfrac{7\times5}{8\times5}+\dfrac{9\times4}{10\times4}=\dfrac{35}{40}+\dfrac{36}{40}=\dfrac{71}{40}=1\dfrac{31}{40}$

09 (1) $\dfrac{5}{9}+\dfrac{8}{15}=\dfrac{25}{45}+\dfrac{24}{45}=\dfrac{49}{45}=1\dfrac{4}{45}$

(2) $\dfrac{7}{8}+\dfrac{2}{5}=\dfrac{35}{40}+\dfrac{16}{40}=\dfrac{51}{40}=1\dfrac{11}{40}$

10 $\dfrac{2}{3}+\dfrac{4}{5}=\dfrac{10}{15}+\dfrac{12}{15}=\dfrac{22}{15}=1\dfrac{7}{15}$

$\dfrac{5}{6}+\dfrac{3}{10}=\dfrac{25}{30}+\dfrac{9}{30}=\dfrac{34}{30}=1\dfrac{4}{30}=1\dfrac{2}{15}$

11 $\dfrac{13}{18}+\dfrac{7}{15}=\dfrac{65}{90}+\dfrac{42}{90}=\dfrac{107}{90}=1\dfrac{17}{90}$

$\dfrac{2}{5}+\dfrac{3}{10}=\dfrac{4}{10}+\dfrac{3}{10}=\dfrac{7}{10}$

---

12 $\dfrac{5}{6}+\dfrac{3}{4}=\dfrac{10}{12}+\dfrac{9}{12}=\dfrac{19}{12}=1\dfrac{7}{12}$ (컵)

13 분모와 분자의 차가 1인 분수는 분모가 클수록 큰 분수이므로 $\dfrac{4}{5}<\dfrac{6}{7}<\dfrac{8}{9}$입니다.

$\Rightarrow\dfrac{8}{9}+\dfrac{6}{7}=\dfrac{56}{63}+\dfrac{54}{63}=\dfrac{110}{63}=1\dfrac{47}{63}$

STEP 1 개념 파헤치기

108 ～ 111쪽

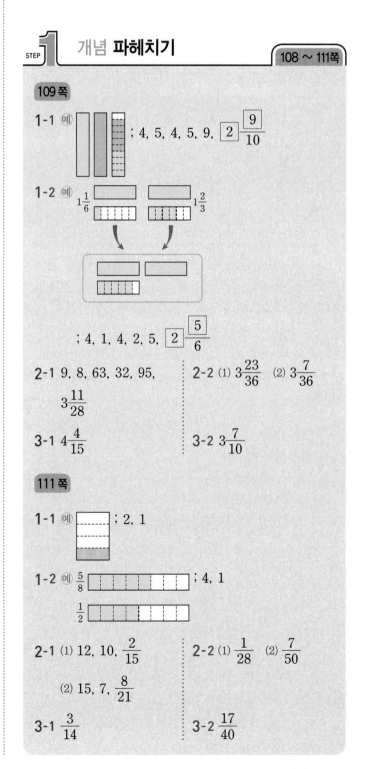

109쪽

1-1 예 ; 4, 5, 4, 5, 9, $2\dfrac{9}{10}$

1-2 예 $1\dfrac{1}{6}$ $1\dfrac{2}{3}$

; 4, 1, 4, 2, 5, $2\dfrac{5}{6}$

2-1 9, 8, 63, 32, 95, $3\dfrac{11}{28}$

2-2 (1) $3\dfrac{23}{36}$ (2) $3\dfrac{7}{36}$

3-1 $4\dfrac{4}{15}$ **3-2** $3\dfrac{7}{10}$

111쪽

1-1 예 ; 2, 1

1-2 예 $\dfrac{5}{8}$; 4, 1

$\dfrac{1}{2}$

2-1 (1) 12, 10, $\dfrac{2}{15}$ **2-2** (1) $\dfrac{1}{28}$ (2) $\dfrac{7}{50}$

(2) 15, 7, $\dfrac{8}{21}$

3-1 $\dfrac{3}{14}$ **3-2** $\dfrac{17}{40}$

109쪽

1-2 분모 6과 3의 최소공배수인 6을 공통분모로 하여 통분합니다.

$$1\frac{1}{6}+1\frac{2}{3}=1\frac{1}{6}+1\frac{4}{6}=(1+1)+\left(\frac{1}{6}+\frac{4}{6}\right)$$
$$=2+\frac{5}{6}=2\frac{5}{6}$$

2-1 대분수를 가분수로 나타낸 다음 두 분모의 최소공배수를 공통분모로 하여 통분한 후 계산할 수 있습니다.

$$2\frac{1}{4}+1\frac{1}{7}=\frac{9}{4}+\frac{8}{7}=\frac{9\times7}{4\times7}+\frac{8\times4}{7\times4}$$
$$=\frac{63}{28}+\frac{32}{28}=\frac{95}{28}=3\frac{11}{28}$$

2-2 (1) $1\frac{2}{9}+2\frac{5}{12}=\frac{11}{9}+\frac{29}{12}=\frac{44}{36}+\frac{87}{36}$
$$=\frac{131}{36}=3\frac{23}{36}$$

(2) $1\frac{1}{4}+1\frac{17}{18}=\frac{5}{4}+\frac{35}{18}=\frac{45}{36}+\frac{70}{36}$
$$=\frac{115}{36}=3\frac{7}{36}$$

3-1 $2\frac{2}{3}+1\frac{3}{5}=2\frac{10}{15}+1\frac{9}{15}=(2+1)+\left(\frac{10}{15}+\frac{9}{15}\right)$
$$=3+\frac{19}{15}=3+1\frac{4}{15}=4\frac{4}{15}$$

3-2 $1\frac{4}{5}+1\frac{9}{10}=1\frac{8}{10}+1\frac{9}{10}=(1+1)+\left(\frac{8}{10}+\frac{9}{10}\right)$
$$=2+\frac{17}{10}=2+1\frac{7}{10}=3\frac{7}{10}$$

111쪽

1-2 $\frac{5}{8}$와 $\frac{1}{2}$을 분모 8과 2의 최소공배수인 8을 공통분모로 하여 통분합니다.

2-1 (1) $\frac{4}{5}-\frac{2}{3}=\frac{4\times3}{5\times3}-\frac{2\times5}{3\times5}$
$$=\frac{12}{15}-\frac{10}{15}=\frac{2}{15}$$

(2) $\frac{5}{7}-\frac{1}{3}=\frac{5\times3}{7\times3}-\frac{1\times7}{3\times7}$
$$=\frac{15}{21}-\frac{7}{21}=\frac{8}{21}$$

2-2 (1) $\frac{1}{4}-\frac{3}{14}=\frac{7}{28}-\frac{6}{28}=\frac{1}{28}$

(2) $\frac{11}{25}-\frac{3}{10}=\frac{22}{50}-\frac{15}{50}=\frac{7}{50}$

3-1 $\frac{6}{7}-\frac{9}{14}=\frac{12}{14}-\frac{9}{14}=\frac{3}{14}$ (m)

3-2 $\frac{7}{8}-\frac{9}{20}=\frac{35}{40}-\frac{18}{40}=\frac{17}{40}$ (m)

STEP 2 개념 확인하기 112 ~ 113쪽

01 $1\frac{5}{8}+2\frac{1}{4}=\frac{13}{8}+\frac{9}{4}=\frac{13}{8}+\frac{18}{8}=\frac{31}{8}=3\frac{7}{8}$

02 $2\frac{4}{5}$

03 (1) $2\frac{7}{9}$ (2) $2\frac{29}{35}$

04 $3\frac{31}{60}$

05 >

06 $27\frac{23}{24}$ mm

07 $6\frac{1}{12}$

08 $\frac{2}{15}$

09 (1) $\frac{1}{8}$ (2) $\frac{23}{40}$

10 예 두 분모의 최소공배수를 공통분모로 하여 통분한 후 계산했습니다.

11 ✕

12 $3\frac{3}{8}$ kg

13 $\frac{13}{45}$

01 대분수를 가분수로 나타낸 다음 두 분모의 최소공배수를 공통분모로 하여 통분한 후 계산합니다.

02 $1\frac{1}{3}+1\frac{7}{15}=1\frac{5}{15}+1\frac{7}{15}$
$$=(1+1)+\left(\frac{5}{15}+\frac{7}{15}\right)$$
$$=2+\frac{12}{15}=2\frac{12}{15}=2\frac{4}{5}$$

03 생각 열기 자연수는 자연수끼리, 분수는 분수끼리 더해서 계산할 수 있습니다.

(1) $1\frac{4}{9}+1\frac{1}{3}=1\frac{4}{9}+1\frac{3}{9}=(1+1)+\left(\frac{4}{9}+\frac{3}{9}\right)$
$$=2+\frac{7}{9}=2\frac{7}{9}$$

(2) $1\frac{3}{7}+1\frac{2}{5}=1\frac{15}{35}+1\frac{14}{35}=(1+1)+\left(\frac{15}{35}+\frac{14}{35}\right)$
$$=2+\frac{29}{35}=2\frac{29}{35}$$

다른 풀이

분모가 다른 대분수의 덧셈을 할 때에는 대분수를 가분수로 나타내어 계산할 수 있습니다.

(1) $1\frac{4}{9}+1\frac{1}{3}=\frac{13}{9}+\frac{4}{3}=\frac{13}{9}+\frac{12}{9}=\frac{25}{9}=2\frac{7}{9}$

(2) $1\frac{3}{7}+1\frac{2}{5}=\frac{10}{7}+\frac{7}{5}=\frac{50}{35}+\frac{49}{35}=\frac{99}{35}=2\frac{29}{35}$

04 생각 열기 ■보다 ▲ 큰 수는 ■+▲로 계산합니다.

$2\frac{5}{12}+1\frac{1}{10}=2\frac{25}{60}+1\frac{6}{60}=(2+1)+\left(\frac{25}{60}+\frac{6}{60}\right)$
$$=3+\frac{31}{60}=3\frac{31}{60}$$

05 $1\dfrac{3}{4}+2\dfrac{5}{7}=1\dfrac{21}{28}+2\dfrac{20}{28}=(1+2)+\left(\dfrac{21}{28}+\dfrac{20}{28}\right)$

$\qquad =3+\dfrac{41}{28}=3+1\dfrac{13}{28}=4\dfrac{13}{28}$

$1\dfrac{1}{4}+2\dfrac{9}{14}=1\dfrac{7}{28}+2\dfrac{18}{28}=(1+2)+\left(\dfrac{7}{28}+\dfrac{18}{28}\right)$

$\qquad =3+\dfrac{25}{28}=3\dfrac{25}{28}$

$\Rightarrow 4\dfrac{13}{28}>3\dfrac{25}{28}$

06 $12\dfrac{1}{3}+15\dfrac{5}{8}=12\dfrac{8}{24}+15\dfrac{15}{24}=(12+15)+\left(\dfrac{8}{24}+\dfrac{15}{24}\right)$

$\qquad =27+\dfrac{23}{24}=27\dfrac{23}{24}\,(\text{mm})$

07 만들 수 있는 가장 큰 대분수: $4\dfrac{1}{3}$

만들 수 있는 가장 작은 대분수: $1\dfrac{3}{4}$

$\Rightarrow 4\dfrac{1}{3}+1\dfrac{3}{4}=4\dfrac{4}{12}+1\dfrac{9}{12}=(4+1)+\left(\dfrac{4}{12}+\dfrac{9}{12}\right)$

$\qquad =5+\dfrac{13}{12}=5+1\dfrac{1}{12}=6\dfrac{1}{12}$

08 $\dfrac{7}{12}-\dfrac{9}{20}=\dfrac{35}{60}-\dfrac{27}{60}=\dfrac{8}{60}=\dfrac{2}{15}$

09 생각 열기 분모가 다른 진분수의 뺄셈을 할 때에는 두 분수를 통분한 후 분자끼리 뺍니다.

(1) $\dfrac{3}{4}-\dfrac{5}{8}=\dfrac{6}{8}-\dfrac{5}{8}=\dfrac{1}{8}$

(2) $\dfrac{7}{8}-\dfrac{3}{10}=\dfrac{35}{40}-\dfrac{12}{40}=\dfrac{23}{40}$

10 서술형 가이드 통분하여 계산한 방법을 바르게 설명했는지 확인합니다.

채점 기준	
상	계산한 방법을 바르게 설명함.
중	계산한 방법을 설명했으나 미흡함.
하	계산한 방법을 설명하지 못함.

11 $\dfrac{8}{9}-\dfrac{5}{12}=\dfrac{32}{36}-\dfrac{15}{36}=\dfrac{17}{36}$

$\dfrac{7}{12}-\dfrac{5}{18}=\dfrac{21}{36}-\dfrac{10}{36}=\dfrac{11}{36}$

12 $\dfrac{5}{8}-\dfrac{1}{4}=\dfrac{5}{8}-\dfrac{2}{8}=\dfrac{3}{8}\,(\text{kg})$

13 ◎: $\dfrac{1}{15}$이 11개인 수는 $\dfrac{11}{15}$입니다.

△: $\dfrac{1}{9}$이 4개인 수는 $\dfrac{4}{9}$입니다.

$\Rightarrow \dfrac{11}{15}-\dfrac{4}{9}=\dfrac{33}{45}-\dfrac{20}{45}=\dfrac{13}{45}$

STEP 1 개념 파헤치기

114 ~ 117쪽

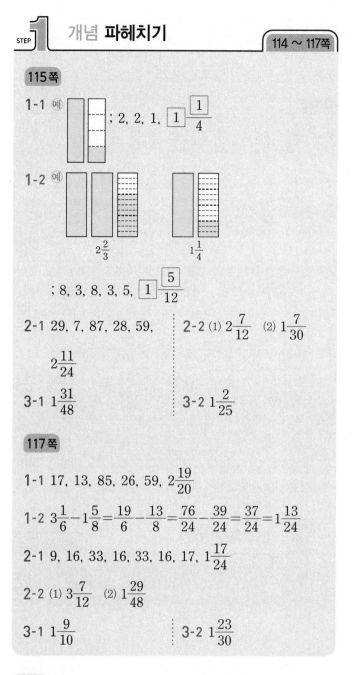

115쪽

1-1 예 ; 2, 2, 1, $\boxed{1}\dfrac{\boxed{1}}{4}$

1-2 예

$2\dfrac{2}{3}$ $1\dfrac{1}{4}$

; 8, 3, 8, 3, 5, $\boxed{1}\dfrac{\boxed{5}}{12}$

2-1 29, 7, 87, 28, 59, $2\dfrac{11}{24}$

2-2 (1) $2\dfrac{7}{12}$ (2) $1\dfrac{7}{30}$

3-1 $1\dfrac{31}{48}$

3-2 $1\dfrac{2}{25}$

117쪽

1-1 17, 13, 85, 26, 59, $2\dfrac{19}{20}$

1-2 $3\dfrac{1}{6}-1\dfrac{5}{8}=\dfrac{19}{6}-\dfrac{13}{8}=\dfrac{76}{24}-\dfrac{39}{24}=\dfrac{37}{24}=1\dfrac{13}{24}$

2-1 9, 16, 33, 16, 33, 16, 17, $1\dfrac{17}{24}$

2-2 (1) $3\dfrac{7}{12}$ (2) $1\dfrac{29}{48}$

3-1 $1\dfrac{9}{10}$

3-2 $1\dfrac{23}{30}$

115쪽

1-2 $2\dfrac{2}{3}$와 $1\dfrac{1}{4}$을 분모 3과 4의 최소공배수인 12를 공통분모로 하여 통분합니다.

2-2 (1) $3\dfrac{5}{6}-1\dfrac{1}{4}=3\dfrac{10}{12}-1\dfrac{3}{12}=(3-1)+\left(\dfrac{10}{12}-\dfrac{3}{12}\right)$

$\qquad =2+\dfrac{7}{12}=2\dfrac{7}{12}$

(2) $2\dfrac{8}{15}-1\dfrac{3}{10}=2\dfrac{16}{30}-1\dfrac{9}{30}=(2-1)+\left(\dfrac{16}{30}-\dfrac{9}{30}\right)$

$\qquad =1+\dfrac{7}{30}=1\dfrac{7}{30}$

3-1 $2\dfrac{5}{6}-1\dfrac{3}{16}=2\dfrac{40}{48}-1\dfrac{9}{48}=(2-1)+\left(\dfrac{40}{48}-\dfrac{9}{48}\right)$

$\qquad =1+\dfrac{31}{48}=1\dfrac{31}{48}$

3-2 $3\dfrac{3}{5}-2\dfrac{13}{25}=3\dfrac{15}{25}-2\dfrac{13}{25}=(3-2)+\left(\dfrac{15}{25}-\dfrac{13}{25}\right)$

$\qquad\qquad =1+\dfrac{2}{25}=1\dfrac{2}{25}$

117쪽

2-1 $4\dfrac{3}{8}-2\dfrac{2}{3}=4\dfrac{9}{24}-2\dfrac{16}{24}=3\dfrac{33}{24}-2\dfrac{16}{24}$

$\qquad\qquad =(3-2)+\left(\dfrac{33}{24}-\dfrac{16}{24}\right)=1+\dfrac{17}{24}=1\dfrac{17}{24}$

2-2 (1) $5\dfrac{5}{12}-1\dfrac{5}{6}=5\dfrac{5}{12}-1\dfrac{10}{12}=4\dfrac{17}{12}-1\dfrac{10}{12}$

$\qquad\qquad =(4-1)+\left(\dfrac{17}{12}-\dfrac{10}{12}\right)=3+\dfrac{7}{12}=3\dfrac{7}{12}$

(2) $3\dfrac{3}{16}-1\dfrac{7}{12}=3\dfrac{9}{48}-1\dfrac{28}{48}=2\dfrac{57}{48}-1\dfrac{28}{48}$

$\qquad\qquad =(2-1)+\left(\dfrac{57}{48}-\dfrac{28}{48}\right)=1+\dfrac{29}{48}=1\dfrac{29}{48}$

3-1 $3\dfrac{4}{15}-1\dfrac{11}{30}=3\dfrac{8}{30}-1\dfrac{11}{30}=2\dfrac{38}{30}-1\dfrac{11}{30}$

$\qquad\qquad =(2-1)+\left(\dfrac{38}{30}-\dfrac{11}{30}\right)=1+\dfrac{27}{30}=1\dfrac{9}{10}$

3-2 $4\dfrac{3}{10}-2\dfrac{8}{15}=4\dfrac{9}{30}-2\dfrac{16}{30}=3\dfrac{39}{30}-2\dfrac{16}{30}$

$\qquad\qquad =(3-2)+\left(\dfrac{39}{30}-\dfrac{16}{30}\right)=1+\dfrac{23}{30}=1\dfrac{23}{30}$

STEP 2 개념 확인하기 118 ~ 119쪽

01 $2\dfrac{5}{24}$

02 (1) $1\dfrac{1}{12}$ (2) $3\dfrac{13}{36}$

03 $1\dfrac{1}{42}$

04 $2\dfrac{1}{3}$

05 $2\dfrac{7}{25}$ g

06 방법 1 $3\dfrac{2}{3}-1\dfrac{1}{9}=3\dfrac{6}{9}-1\dfrac{1}{9}=(3-1)+\left(\dfrac{6}{9}-\dfrac{1}{9}\right)$

$\qquad\qquad =2+\dfrac{5}{9}=2\dfrac{5}{9}$

방법 2 $3\dfrac{2}{3}-1\dfrac{1}{9}=\dfrac{11}{3}-\dfrac{10}{9}=\dfrac{33}{9}-\dfrac{10}{9}$

$\qquad\qquad =\dfrac{23}{9}=2\dfrac{5}{9}$

07 $\dfrac{17}{40}$컵

08 (1) $1\dfrac{56}{75}$ (2) $2\dfrac{47}{60}$

09 $1\dfrac{7}{10}$

10 (○) ( )

11 $3\dfrac{1}{2},\ 1\dfrac{4}{7},\ 1\dfrac{13}{14}\ ;\ 1\dfrac{13}{14}$ m

12 $1\dfrac{7}{12}$ 컵

13 $2\dfrac{3}{8}$

---

01 $4\dfrac{5}{8}-2\dfrac{5}{12}=4\dfrac{15}{24}-2\dfrac{10}{24}=(4-2)+\left(\dfrac{15}{24}-\dfrac{10}{24}\right)$

$\qquad\qquad =2+\dfrac{5}{24}=2\dfrac{5}{24}$

02 (1) $2\dfrac{1}{4}-1\dfrac{1}{6}=2\dfrac{3}{12}-1\dfrac{2}{12}=(2-1)+\left(\dfrac{3}{12}-\dfrac{2}{12}\right)$

$\qquad\qquad =1+\dfrac{1}{12}=1\dfrac{1}{12}$

(2) $4\dfrac{7}{9}-1\dfrac{5}{12}=4\dfrac{28}{36}-1\dfrac{15}{36}=(4-1)+\left(\dfrac{28}{36}-\dfrac{15}{36}\right)$

$\qquad\qquad =3+\dfrac{13}{36}=3\dfrac{13}{36}$

03 $2\dfrac{2}{21}-1\dfrac{1}{14}=2\dfrac{4}{42}-1\dfrac{3}{42}=(2-1)+\left(\dfrac{4}{42}-\dfrac{3}{42}\right)$

$\qquad\qquad =1+\dfrac{1}{42}=1\dfrac{1}{42}$

04 $7\dfrac{1}{2}-5\dfrac{1}{6}=7\dfrac{3}{6}-5\dfrac{1}{6}=(7-5)+\left(\dfrac{3}{6}-\dfrac{1}{6}\right)$

$\qquad\qquad =2+\dfrac{2}{6}=2\dfrac{2}{6}=2\dfrac{1}{3}$

05 생각 열기 500원짜리 동전의 무게에서 100원짜리 동전의 무게를 뺍니다.

$7\dfrac{7}{10}-5\dfrac{21}{50}=7\dfrac{35}{50}-5\dfrac{21}{50}=2\dfrac{14}{50}=2\dfrac{7}{25}$ (g)

06 서술형 가이드 $3\dfrac{2}{3}-1\dfrac{1}{9}$ 을 두 가지 방법으로 바르게 계산했는지 확인합니다.

채점 기준	
상	$3\dfrac{2}{3}-1\dfrac{1}{9}$ 을 두 가지 방법으로 바르게 계산함.
중	$3\dfrac{2}{3}-1\dfrac{1}{9}$ 을 한 가지 방법으로만 바르게 계산함.
하	$3\dfrac{2}{3}-1\dfrac{1}{9}$ 을 계산하지 못함.

07 $1\dfrac{4}{5}-1\dfrac{3}{8}=1\dfrac{32}{40}-1\dfrac{15}{40}=(1-1)+\left(\dfrac{32}{40}-\dfrac{15}{40}\right)$

$\qquad\qquad =\dfrac{17}{40}$(컵)

08 (1) $3\dfrac{7}{25}-1\dfrac{8}{15}=3\dfrac{21}{75}-1\dfrac{40}{75}=2\dfrac{96}{75}-1\dfrac{40}{75}$

$\qquad\qquad =(2-1)+\left(\dfrac{96}{75}-\dfrac{40}{75}\right)=1+\dfrac{56}{75}=1\dfrac{56}{75}$

(2) $5\dfrac{3}{20}-2\dfrac{11}{30}=5\dfrac{9}{60}-2\dfrac{22}{60}=4\dfrac{69}{60}-2\dfrac{22}{60}$

$\qquad\qquad =(4-2)+\left(\dfrac{69}{60}-\dfrac{22}{60}\right)=2+\dfrac{47}{60}$

$\qquad\qquad =2\dfrac{47}{60}$

09 $3\dfrac{8}{15}-1\dfrac{5}{6}=3\dfrac{16}{30}-1\dfrac{25}{30}=2\dfrac{46}{30}-1\dfrac{25}{30}$

$\qquad\qquad =(2-1)+\left(\dfrac{46}{30}-\dfrac{25}{30}\right)=1\dfrac{21}{30}=1\dfrac{7}{10}$

10 $3\frac{1}{6}-1\frac{1}{4}=3\frac{2}{12}-1\frac{3}{12}=2\frac{14}{12}-1\frac{3}{12}$

$\qquad =(2-1)+\left(\frac{14}{12}-\frac{3}{12}\right)=1+\frac{11}{12}=1\frac{11}{12}$

$4\frac{1}{3}-2\frac{3}{4}=4\frac{4}{12}-2\frac{9}{12}=3\frac{16}{12}-2\frac{9}{12}$

$\qquad =(3-2)+\left(\frac{16}{12}-\frac{9}{12}\right)=1+\frac{7}{12}=1\frac{7}{12}$

$\Rightarrow 1\frac{11}{12}>1\frac{7}{12}$

11 $3\frac{1}{2}-1\frac{4}{7}=3\frac{7}{14}-1\frac{8}{14}=2\frac{21}{14}-1\frac{8}{14}=1\frac{13}{14}$ (m)

서술형 가이드 $3\frac{1}{2}-1\frac{4}{7}$의 식을 바르게 세우고 답을 구했는

지 확인합니다.

채점 기준

상	식을 바르게 세우고 답을 구함.
중	식을 세웠으나 답을 구하지 못함.
하	식을 바르게 세우지 못해 답을 구하지 못함.

12 $3\frac{1}{4}-1\frac{2}{3}=3\frac{3}{12}-1\frac{8}{12}=2\frac{15}{12}-1\frac{8}{12}$

$\qquad =(2-1)+\left(\frac{15}{12}-\frac{8}{12}\right)=1+\frac{7}{12}=1\frac{7}{12}$(컵)

13 $1\frac{7}{10}+\square=4\frac{3}{40}$,

$\square=4\frac{3}{40}-1\frac{7}{10}=4\frac{3}{40}-1\frac{28}{40}=3\frac{43}{40}-1\frac{28}{40}$

$\qquad =(3-1)+\left(\frac{43}{40}-\frac{28}{40}\right)=2+\frac{15}{40}=2\frac{15}{40}=2\frac{3}{8}$

STEP 3 단원 **마무리평가**

120 ~ 123쪽

01 3, 2, 3, 4, 7, $\boxed{1}\,\boxed{\dfrac{1}{6}}$

02 $4\frac{7}{10}-1\frac{2}{5}=\frac{47}{10}-\frac{7}{5}=\frac{47}{10}-\frac{14}{10}=\frac{33}{10}=3\frac{3}{10}$

03 $4\frac{7}{12}$

04 $1\frac{5}{8}$

05 $\frac{29}{30}$

06 $\frac{7}{15}$

07 $4\frac{1}{24}$

08 $1\frac{1}{6}$

09 $\frac{9}{10}$

10 $1\frac{3}{8}$, $1\frac{17}{24}$

11 ( )(○)

12 >

13 (선 연결 그림)

14 $\frac{11}{12}-\frac{2}{9}=\frac{11\times 9}{12\times 9}-\frac{2\times 12}{9\times 12}=\frac{99}{108}-\frac{24}{108}$

$\qquad =\frac{75}{108}=\frac{25}{36}$

15 $4\frac{3}{8}-2\frac{5}{8}$에 ○표 ;

$4\frac{3}{4}-2\frac{5}{8}=4\frac{6}{8}-2\frac{5}{8}=(4-2)+\left(\frac{6}{8}-\frac{5}{8}\right)$

$\qquad =2+\frac{1}{8}=2\frac{1}{8}$

16 $1\frac{2}{5}+1\frac{1}{4}=2\frac{13}{20}$; $2\frac{13}{20}$ m

17 ㉡, ㉣, $7\frac{5}{6}$, $9\frac{7}{12}$, $3\frac{1}{2}$; $3\frac{1}{2}$

18 $\frac{1}{40}$

19 $5\frac{31}{72}$

20 1, 2, 3

창의·융합 문제

1) $\frac{1}{8}$ 분수 막대 6개, $\frac{1}{12}$ 분수 막대 9개

2) $\frac{1}{12}$ 분수 막대 10개

3) 2개

4) 19개

5) $3\frac{7}{12}$

01 두 분모의 곱을 공통분모로 하여 통분한 후 계산합니다.

03 $1\frac{5}{6}+2\frac{3}{4}=1\frac{10}{12}+2\frac{9}{12}=(1+2)+\left(\frac{10}{12}+\frac{9}{12}\right)$

$\qquad =3+\frac{19}{12}=3+1\frac{7}{12}=4\frac{7}{12}$

04 $4\frac{3}{8}-2\frac{3}{4}=4\frac{3}{8}-2\frac{6}{8}=3\frac{11}{8}-2\frac{6}{8}$

$\qquad =(3-2)+\left(\frac{11}{8}-\frac{6}{8}\right)=1+\frac{5}{8}=1\frac{5}{8}$

05 $\frac{53}{60}+\frac{1}{12}=\frac{53}{60}+\frac{5}{60}=\frac{58}{60}=\frac{29}{30}$

06 생각 열기 분모가 다른 진분수의 뺄셈을 할 때에는 두 분수를 통분한 후 분자끼리 뺍니다.

$\frac{4}{5}-\frac{1}{3}=\frac{12}{15}-\frac{5}{15}=\frac{7}{15}$

07 $2\frac{1}{6}+1\frac{7}{8}=2\frac{4}{24}+1\frac{21}{24}=(2+1)+\left(\frac{4}{24}+\frac{21}{24}\right)$

$\qquad =3+\frac{25}{24}=3+1\frac{1}{24}=4\frac{1}{24}$ (m)

08 $2\frac{5}{6}-1\frac{2}{3}=2\frac{5}{6}-1\frac{4}{6}=(2-1)+\left(\frac{5}{6}-\frac{4}{6}\right)$

$\qquad =1+\frac{1}{6}=1\frac{1}{6}$

09 $\frac{2}{5}+\frac{1}{2}=\frac{4}{10}+\frac{5}{10}=\frac{9}{10}$

10 $\dfrac{7}{8}+\dfrac{1}{2}=\dfrac{7}{8}+\dfrac{4}{8}=\dfrac{11}{8}=1\dfrac{3}{8}$

$\dfrac{7}{8}+\dfrac{5}{6}=\dfrac{21}{24}+\dfrac{20}{24}=\dfrac{41}{24}=1\dfrac{17}{24}$

11 $\dfrac{2}{3}+\dfrac{1}{6}=\dfrac{4}{6}+\dfrac{1}{6}=\dfrac{5}{6}\ (<1)$

$\dfrac{3}{16}+\dfrac{11}{12}=\dfrac{9}{48}+\dfrac{44}{48}=\dfrac{53}{48}=1\dfrac{5}{48}\ (>1)$

12 $2\dfrac{9}{10}-1\dfrac{4}{15}=2\dfrac{27}{30}-1\dfrac{8}{30}$

$\qquad\qquad =(2-1)+\left(\dfrac{27}{30}-\dfrac{8}{30}\right)=1\dfrac{19}{30}$

$3\dfrac{1}{10}-1\dfrac{2}{3}=3\dfrac{3}{30}-1\dfrac{20}{30}=2\dfrac{33}{30}-1\dfrac{20}{30}$

$\qquad\qquad =(2-1)+\left(\dfrac{33}{30}-\dfrac{20}{30}\right)=1\dfrac{13}{30}$

$\Rightarrow 1\dfrac{19}{30}>1\dfrac{13}{30}$

13 $2\dfrac{7}{9}-1\dfrac{3}{18}=2\dfrac{14}{18}-1\dfrac{3}{18}=1\dfrac{11}{18}$

$1\dfrac{5}{6}+1\dfrac{1}{2}=1\dfrac{5}{6}+1\dfrac{3}{6}=2+\dfrac{8}{6}=3\dfrac{2}{6}=3\dfrac{1}{3}$

$\dfrac{11}{12}-\dfrac{5}{8}=\dfrac{22}{24}-\dfrac{15}{24}=\dfrac{7}{24}$

$\dfrac{1}{8}+\dfrac{1}{6}=\dfrac{3}{24}+\dfrac{4}{24}=\dfrac{7}{24}$

$\dfrac{7}{9}+\dfrac{5}{6}=\dfrac{14}{18}+\dfrac{15}{18}=\dfrac{29}{18}=1\dfrac{11}{18}$

$6-2\dfrac{2}{3}=5\dfrac{3}{3}-2\dfrac{2}{3}=3\dfrac{1}{3}$

14 두 분모의 곱을 공통분모로 하여 통분한 후 계산합니다.

15 $4\dfrac{3}{4}=4+\dfrac{3\times2}{4\times2}=4\dfrac{6}{8}$

16 $1\dfrac{2}{5}+1\dfrac{1}{4}=1\dfrac{8}{20}+1\dfrac{5}{20}=(1+1)+\left(\dfrac{8}{20}+\dfrac{5}{20}\right)$

$\qquad\qquad =2+\dfrac{13}{20}=2\dfrac{13}{20}$ (m)

17 $(\text{ⓛ}\sim\text{ⓒ})=(\text{㉠}\sim\text{ⓒ})+(\text{ⓛ}\sim\text{㉣})-(\text{㉠}\sim\text{㉣})$

$\qquad =5\dfrac{1}{4}+7\dfrac{5}{6}-9\dfrac{7}{12}$

$\qquad =5\dfrac{3}{12}+7\dfrac{10}{12}-9\dfrac{7}{12}=12\dfrac{13}{12}-9\dfrac{7}{12}$

$\qquad =3\dfrac{6}{12}=3\dfrac{1}{2}$ (km)

18 $\square=\dfrac{9}{10}-\dfrac{7}{8}=\dfrac{36}{40}-\dfrac{35}{40}=\dfrac{1}{40}$

19 가장 작은 대분수는 자연수 부분에 가장 작은 수를 놓아야 합니다.

유진: $3\dfrac{7}{8}$, 다원: $1\dfrac{5}{9}$

$\Rightarrow 3\dfrac{7}{8}+1\dfrac{5}{9}=3\dfrac{63}{72}+1\dfrac{40}{72}=(3+1)+\left(\dfrac{63}{72}+\dfrac{40}{72}\right)$

$\qquad\qquad =4+\dfrac{103}{72}=4+1\dfrac{31}{72}=5\dfrac{31}{72}$

20 $1\dfrac{2}{3}+2\dfrac{7}{9}=1\dfrac{6}{9}+2\dfrac{7}{9}=(1+2)+\left(\dfrac{6}{9}+\dfrac{7}{9}\right)$

$\qquad\qquad =3+\dfrac{13}{9}=3+1\dfrac{4}{9}=4\dfrac{4}{9}$

$4\dfrac{4}{9}>4\dfrac{\square}{9}$에서 $\square$ 안에 들어갈 수 있는 자연수는 $4>\square$
이므로 **1, 2, 3**입니다.

창의·융합 문제

1) $\dfrac{1}{4}$ 분수 막대가 3개인 곳과 만나는 곳을 알아보면 $\dfrac{1}{8}$ 분수
막대가 6개, $\dfrac{1}{12}$ 분수 막대가 **9개**일 때입니다.

2) $\dfrac{1}{6}$ 분수 막대가 5개인 곳과 만나는 곳을 알아보면 $\dfrac{1}{12}$ 분
수 막대가 **10개**일 때입니다.

3) 1 분수 막대는 $1\dfrac{3}{4}$에서 1개, $1\dfrac{5}{6}$에서 1개이므로 모두 **2개**
입니다.

4) $\dfrac{3}{4}$은 $\dfrac{1}{12}$ 분수 막대가 9개, $\dfrac{5}{6}$는 $\dfrac{1}{12}$ 분수 막대가 10개이
므로 $\dfrac{3}{4}+\dfrac{5}{6}$는 $\dfrac{1}{12}$ 분수 막대가 $9+10=$ **19(개)** 가 됩니다.

5) 자연수 부분은 1 분수 막대가 2개이므로 2입니다. 분수끼
리 더하면 $\dfrac{1}{12}$ 분수 막대가 19개이므로 $\dfrac{19}{12}$가 되어 1 분수
막대 1개와 $\dfrac{1}{12}$ 분수 막대 7개가 됩니다. 따라서 자연수
부분과 더하면 $3\dfrac{7}{12}$입니다.

6 다각형의 둘레와 넓이

127쪽

1-1 4, 4, 4, 16
1-2 7, 7, 3, 21
2-1 5, 45
2-2 6, 48
3-1 8, 56
3-2 10, 50

129쪽

1-1 13, 13, 44
1-2 5, 32
2-1 12, 7, 38
2-2 8, 50
3-1 6, 6, 24
3-2 9, 36

127쪽

1-1 정사각형의 네 변의 길이는 4 cm로 모두 같습니다.
$\Rightarrow$ (정사각형의 둘레)$=4+4+4+4$
$=4\times4$
$=16\,(\text{cm})$

> **참고**
> 정다각형은 모든 변의 길이가 같으므로 둘레는
> (한 변의 길이)×(변의 수)로 구할 수 있습니다.

1-2 정삼각형의 세 변의 길이는 7 cm로 모두 같습니다.
$\Rightarrow$ (정삼각형의 둘레)$=7+7+7$
$=7\times3$
$=21\,(\text{cm})$

2-1 정오각형의 한 변의 길이는 9 cm이고 변은 5개입니다.
$\Rightarrow$ (정오각형의 둘레)$=9+9+9+9+9$
$=9\times5=45\,(\text{cm})$

2-2 정육각형의 한 변의 길이는 8 cm이고 변은 6개입니다.
$\Rightarrow$ (정육각형의 둘레)$=8+8+8+8+8+8$
$=8\times6=48\,(\text{cm})$

3-1 정팔각형의 변은 8개이므로 둘레는 $7\times8=56\,(\text{cm})$입니다.

3-2 정십각형의 변은 10개이므로 둘레는 $5\times10=50\,(\text{cm})$입니다.

129쪽

1-1 직사각형의 가로와 세로를 각각 2번씩 더합니다.
$\Rightarrow$ $13+9+13+9=44\,(\text{cm})$

1-2 (직사각형의 둘레)$=\{(\text{가로})+(\text{세로})\}\times2$
$=(11+5)\times2$
$=16\times2=32\,(\text{cm})$

2-1 평행사변형의 네 변의 길이를 각각 더합니다.
$\Rightarrow$ $12+7+12+7=38\,(\text{cm})$

2-2 (평행사변형의 둘레)
$=\{(\text{한 변의 길이})+(\text{다른 한 변의 길이})\}\times2$
$=(17+8)\times2$
$=25\times2=50\,(\text{cm})$

3-1 마름모의 네 변의 길이를 각각 더합니다.
$\Rightarrow$ $6+6+6+6=24\,(\text{cm})$

3-2 (마름모의 둘레)$=(\text{한 변의 길이})\times4$
$=9\times4=36\,(\text{cm})$

01 8
02 5
03 88 cm
04 81 cm
05 52 m
06 (1) 14 cm (2) 7 cm
07 30 cm
08 36 cm
09 32 cm
10 16 cm
11 26 m
12 4, 40 ; 40 cm
13 14

01 정다각형의 둘레는 변의 길이를 모두 더하여 구할 수 있으므로 정오각형의 둘레는 $8+8+8+8+8=40\,(\text{cm})$입니다.

02 정오각형은 변이 5개이므로 정오각형의 둘레는 $8\times5=40\,(\text{cm})$입니다.

03 (정팔각형의 둘레)$=11\times8=88\,(\text{cm})$

04 (정구각형의 둘레)$=9\times9=81\,(\text{cm})$

05 (리듬체조 경기장의 둘레)$=13\times4=52\,(\text{m})$

06 (1) 정삼각형의 한 변의 길이를 □ cm라 하면
□$\times3=42$, □$=14$입니다.
(2) 정육각형의 한 변의 길이를 □ cm라 하면
□$\times6=42$, □$=7$입니다.

07 $(9+6)\times2=15\times2=30\,(\text{cm})$

08 $(11+7)\times2=18\times2=36\,(\text{cm})$

09 $8\times4=32\,(\text{cm})$

10 면허증은 가로가 5 cm, 세로가 3 cm인 직사각형 모양이므로 둘레는 $(5+3)\times2=8\times2=16\,(\text{cm})$입니다.

11 (직사각형의 둘레)$=\{(\text{가로})+(\text{세로})\}\times2$
$=(8+5)\times2$
$=13\times2=26\,(\text{m})$

12 (마름모의 둘레)=(한 변의 길이)×4

$=10×4=40$ (cm)

서술형 가이드 마름모의 둘레를 구하는 식을 쓰고 답을 바르게 구했는지 알아봅니다.

채점 기준	
상	식을 쓰고 답을 바르게 구함.
중	식을 썼으나 답을 구하지 못함.
하	답만 구함.

13 $8+\square+8+\square=44$, $\square+\square=28$, $\square=14$

다른 풀이

(평행사변형의 둘레)

=｛(한 변의 길이)+(다른 한 변의 길이)｝×2이므로

$(8+\square)×2=44$입니다.

➡ $8+\square=22$, $\square=22-8$, $\square=14$

STEP 1 개념 파헤치기
132 ~ 135쪽

133 쪽

1-1 (1) 6개 (2) $6\,\text{cm}^2$

1-2 15, 15

2-1 $18\,\text{cm}^2$

2-2 $16\,\text{cm}^2$

3-1 12, 나

3-2 (1) 16개, 12개

(2) 가

135 쪽

1-1 6, 2, 12

1-2 (1) $7\,\text{cm}$, $3\,\text{cm}$

(2) $21\,\text{cm}^2$

2-1 10, 13, 130

2-2 $108\,\text{cm}^2$

3-1 7, 7, 49

3-2 $121\,\text{cm}^2$

---

133 쪽

1-1 (1) 1 cm² 를 가로로 3개, 세로로 2개 놓을 수 있으므로

모두 $3×2=6$(개)입니다.

(2) $1\,\text{cm}^2$가 6개이므로 $6\,\text{cm}^2$입니다.

1-2 1 cm² 를 가로로 5개, 세로로 3개 놓을 수 있으므로 모두

$5×3=15$(개)이고 $15\,\text{cm}^2$입니다.

2-1 $1\,\text{cm}^2$가 18개이므로 도형의 넓이는 $18\,\text{cm}^2$입니다.

2-2 $1\,\text{cm}^2$가 16개이므로 도형의 넓이는 $16\,\text{cm}^2$입니다.

3-1 가: $1\,\text{cm}^2$가 10개이므로 $10\,\text{cm}^2$입니다.

나: $1\,\text{cm}^2$가 12개이므로 $12\,\text{cm}^2$입니다.

➡ $10<12$이므로 **나**가 더 넓습니다.

3-2 가: $1\,\text{cm}^2$가 16개이므로 $16\,\text{cm}^2$입니다.

나: $1\,\text{cm}^2$가 12개이므로 $12\,\text{cm}^2$입니다.

➡ $16>12$이므로 **가**가 더 넓습니다.

---

135 쪽

1-1 1 cm² 가 가로로 6개이므로 $6\,\text{cm}$, 세로로 2개이므로

$2\,\text{cm}$입니다.

➡ (넓이)$=6×2=12$ (cm^2)

1-2 (1) $1\,\text{cm}^2$가 가로로 7개이므로 $7\,\text{cm}$, 세로로 3개이므로

$3\,\text{cm}$입니다.

(2) (직사각형의 넓이)$=7×3=21$ (cm^2)

2-1 (직사각형의 넓이)=(가로)×(세로)

$=10×13=130$ (cm^2)

2-2 (직사각형의 넓이)=(가로)×(세로)

$=12×9=108$ (cm^2)

3-1 (정사각형의 넓이)=(한 변의 길이)×(한 변의 길이)

$=7×7=49$ (cm^2)

3-2 (정사각형의 넓이)=(한 변의 길이)×(한 변의 길이)

$=11×11=121$ (cm^2)

STEP 2 개념 확인하기
136 ~ 137쪽

01 (1) 1 cm² ; 1 제곱센티미터

(2) 7 cm² ; 7 제곱센티미터

02 (1) $8\,\text{cm}^2$ (2) $9\,\text{cm}^2$

03 가, 나, 라

04 나

05 예

06 $12\,\text{cm}^2$

07 (1) $50\,\text{cm}^2$ (2) $64\,\text{cm}^2$

08 $9×8=72$; $72\,\text{cm}^2$

09 (위부터) 2, 2 ; 2, 3 ; 2, 4, 6

10 ×

11 6

01 생각 열기 ■ cm²는 ■ 제곱센티미터라고 읽습니다.

(1) 1 cm²는 **1 제곱센티미터**라고 읽습니다.

(2) 7 cm²는 **7 제곱센티미터**라고 읽습니다.

02 (1) 1 cm²가 8개이므로 **8 cm²**입니다.

(2) 1 cm²가 9개이므로 **9 cm²**입니다.

03 가: 1 cm²가 10개이므로 10 cm²

나: 1 cm²가 10개이므로 10 cm²

다: 1 cm²가 8개이므로 8 cm²

라: 1 cm²가 10개이므로 10 cm²

마: 1 cm²가 9개이므로 9 cm²

따라서 넓이가 10 cm²인 것은 **가, 나, 라**입니다.

04 1 cm²가 몇 개인지 세어 보면

가: 9개, 나: 10개, 다: 7개

⇨ 10>9>7이므로 1 cm²의 수가 가장 많은 **나**가 가장 넓습니다.

05 모눈 칸의 수가 4인 여러 가지 도형을 그립니다.

06 1 cm²가 직사각형의 가로에 4개, 세로에 3개이므로 넓이는 $4 \times 3 = 12$ **(cm²)**입니다.

07 (1) (직사각형의 넓이) = (가로) × (세로)
$= 10 \times 5 = 50$ **(cm²)**

(2) (정사각형의 넓이) = (한 변의 길이) × (한 변의 길이)
$= 8 \times 8 = 64$ **(cm²)**

08 (직사각형의 넓이) = (가로) × (세로)
$= 9 \times 8 = 72$ **(cm²)**

서술형 가이드 직사각형의 넓이를 구하는 방법을 알고 바르게 구했는지 알아봅니다.

채점 기준

상	식을 쓰고 답을 바르게 구함.
중	식을 썼으나 답을 구하지 못함.
하	답만 구함.

09 가로는 2 cm로 모두 같고 세로가 1 cm, 2 cm, 3 cm로 1 cm씩 길어집니다.

(직사각형의 넓이) = (가로) × (세로)이므로

첫째 직사각형의 넓이는 $2 \times 1 = 2$ (cm²),

둘째 직사각형의 넓이는 $2 \times 2 = 4$ (cm²),

셋째 직사각형의 넓이는 $2 \times 3 = 6$ (cm²)입니다.

10 가로가 2 cm로 같고 세로가 1 cm 길어지면 넓이는 2 cm² 만큼 커집니다.

11 $12 \times \square = 72$, $\square = 72 \div 12$, $\square = 6$

참고

(직사각형의 넓이) = (가로) × (세로)이므로 넓이와 가로를 알면 세로를 구할 수 있습니다.

STEP 1 개념 파헤치기

138 ～ 141쪽

139쪽

1-1 (1) 10000	1-2 (1) 7
(2) 40000	(2) 5
2-1 80000, 8	2-2 90000, 9
3-1 (1) 2 m	3-2 (1) 3 m
(2) 16 m²	(2) 18 m²

141쪽

1-1 (1) 1000000	1-2 (1) 2
(2) 3000000	(2) 8
2-1 12000000, 12	2-2 6000000, 6
3-1 (1) 3 km	3-2 (1) 5 km
(2) 21 km²	(2) 20 km²

139쪽

1-1 (2) 1 m² = 10000 cm²이므로 4 m² = **40000** cm²입니다.

1-2 10000 cm² = 1 m²입니다.

(1) 70000 cm² = **7** m²

(2) 50000 cm² = **5** m²

2-1 (직사각형의 넓이) = (가로) × (세로)
$= 400 \times 200$
$= 80000$ (cm²) ⇨ **8** m²

2-2 (정사각형의 넓이) = (한 변의 길이) × (한 변의 길이)
$= 300 \times 300$
$= 90000$ (cm²) ⇨ **9** m²

3-1 (1) 세로는 200 cm = **2** m입니다.

(2) $8 \times 2 = 16$ **(m²)**

3-2 (1) 세로는 300 cm = **3** m입니다.

(2) $6 \times 3 = 18$ **(m²)**

141쪽

1-1 (2) 1 km² = 1000000 m²이므로 3 km² = **3000000** m²입니다.

1-2 1000000 m² = 1 km²입니다.

(1) 2000000 m² = **2** km²

(2) 8000000 m² = **8** km²

2-1 (직사각형의 넓이) = (가로) × (세로)
$= 4000 \times 3000$
$= 12000000$ (m²) ⇨ **12** km²

2-2 (직사각형의 넓이) = (가로) × (세로)
$= 3000 \times 2000$
$= 6000000$ (m²) ⇨ **6** km²

3-1 (1) 세로는 3000 m=**3 km**입니다.

(2) 7×3=**21** (km²)

3-2 (1) 가로는 5000 m=**5 km**입니다.

(2) 5×4=**20** (km²)

STEP 2 개념 **확인하기** | 142 ~ 143쪽

01 2 m^2 ; 2 제곱미터

02 5 m^2 ; 5 제곱미터

03 90

04 150000

05 6, 60000

06 (1) 18 m² (2) 21 m²

07 15 m²

08 4 km^2 ; 4 제곱킬로미터

09 6 km^2 ; 6 제곱킬로미터

10 605000000 ; 770

11 (1) 45 km² (2) 44 km²

12 (1) m² (2) km²

13 ㉡, ㉢, ㉠

01~02 m²는 제곱미터라고 읽습니다.

03 10000 cm²=1 m²이므로 900000 cm²=90 m²입니다.

04 생각 열기 ■ m²=■0000 cm²

1 m²=10000 cm²이므로 15 m²=150000 cm²입니다.

05 (직사각형의 넓이)=(가로)×(세로)

=3×2

=6 (m²) ⇨ 60000 cm²

06 생각 열기 가로 또는 세로를 몇 m로 고친 다음 넓이를 구합니다.

(1) 900 cm=9 m이므로 직사각형의 넓이는

9×2=**18** (m²)입니다.

(2) 300 cm=3 m이므로 직사각형의 넓이는

7×3=**21** (m²)입니다.

07 벽은 가로가 500 cm=5 m, 세로가 300 cm=3 m인 직사각형 모양입니다.

⇨ (넓이)=5×3=**15** (m²)

08~09 km²는 제곱킬로미터라고 읽습니다.

10 생각 열기 ■ km²=■000000 m²

1 km²=1000000 m²이므로

605 km²=**605000000** m²입니다.

1000000 m²=1 km²이므로

770000000 m²=**770** km²입니다.

11 (1) 5000 m=5 km ⇨ 9×5=**45** (km²)

(2) 11000 m=11 km ⇨ 11×4=**44** (km²)

12 생각 열기 1 cm², 1 m², 1 km²인 물건이나 땅의 넓이를 생각해 봅니다.

(1) 교실은 가로 6 m, 세로 10 m 정도이므로 넓이는 약 60 **m²**입니다.

(2) 도시의 넓이는 **km²**를 이용하여 나타낼 수 있습니다.

13 km²로 단위를 통일한 후 비교합니다.

㉡ 14000000 m²=14 km²

㉢ 70000000000 cm²=7000000 m²=7 km²

⇨ 14 km²>7 km²>5 km²이므로 가장 넓은 것부터 차례로 기호를 쓰면 ㉡, ㉢, ㉠입니다.

STEP 1 개념 **파헤치기** | 144 ~ 147쪽

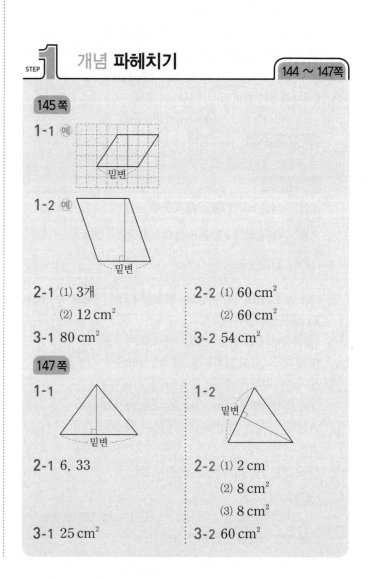

145 쪽

1-1 (예)

밑변

1-2 (예)

밑변

2-1 (1) 3개

(2) 12 cm²

2-2 (1) 60 cm²

(2) 60 cm²

3-1 80 cm²

3-2 54 cm²

147 쪽

1-1

밑변

1-2

밑변

2-1 6, 33

2-2 (1) 2 cm

(2) 8 cm²

(3) 8 cm²

3-1 25 cm²

3-2 60 cm²

145쪽

1-1~1-2 두 밑변에 수직인 선분을 긋습니다.

2-1 (1) ◣ 모양 2개를 더하면 1cm² 와 같습니다.

따라서 ◣ 모양 6개는 1cm² 3개와 같습니다.

(2) 1cm² 9개이므로 9 cm²이고 ◣ 6개이므로 3 cm²입니다. ⇨ 9+3=**12 (cm²)**

2-2 (1) 10×6=**60 (cm²)**

(2) 평행사변형의 넓이는 만들어진 직사각형의 넓이와 같으므로 **60 cm²**입니다.

3-1 (평행사변형의 넓이)=(밑변의 길이)×(높이)
=10×8=**80 (cm²)**

3-2 (평행사변형의 넓이)=(밑변의 길이)×(높이)
=6×9=**54 (cm²)**

147쪽

1-1~1-2 밑변과 마주 보는 꼭짓점에서 밑변에 수직인 선분을 긋습니다.

2-1 평행사변형의 밑변의 길이는 11 cm, 높이는 6 cm이므로 (평행사변형의 넓이)=11×6=**66 (cm²)**입니다.
삼각형의 넓이는 만들어진 평행사변형의 넓이의 반이므로 66÷2=**33 (cm²)**입니다.

2-2 (1) 평행사변형의 높이는 삼각형의 높이의 반이므로 **2 cm**입니다.

(2) (평행사변형의 넓이)=4×2=**8 (cm²)**

(3) 삼각형의 넓이는 평행사변형의 넓이와 같으므로 **8 cm²**입니다.

3-1 (삼각형의 넓이)=(밑변의 길이)×(높이)÷2
=10×5÷2=**25 (cm²)**

3-2 (삼각형의 넓이)=(밑변의 길이)×(높이)÷2
=10×12÷2=**60 (cm²)**

STEP 2 개념 확인하기

148 ~ 149쪽

01 5 cm	**02** 직사각형, 높이
03 136 m²	**04** 나
05 9×12=108 ; 108 cm²	
06 4	**07** ㉢
08 16 m²	**09** 48 cm²
10 6, 6, 6, 6	**11** 같습니다에 ○표
12 10	**13** 가

01 모눈 한 칸의 길이는 1 cm입니다. 밑변은 변 ㄱㄴ과 변 ㄷㄹ이므로 변 ㄱㄴ과 변 ㄷㄹ 사이에 수직인 선분을 그으면 그은 선분은 모눈 5칸입니다. 따라서 평행사변형의 높이는 **5 cm**입니다.

02 평행사변형의 넓이는 만들어진 직사각형의 넓이와 같습니다.
만들어진 직사각형의 가로는 평행사변형의 밑변의 길이와 같고 세로는 높이와 같습니다.
⇨ (평행사변형의 넓이)
=(만들어진 **직사각형**의 넓이)
=(직사각형의 가로)×(직사각형의 세로)
=(평행사변형의 밑변의 길이)×(평행사변형의 **높이**)

03 17×8=**136 (m²)**

04 가, 다: 밑변의 길이가 3 cm, 높이가 4 cm인 평행사변형
나: 밑변의 길이가 2 cm, 높이가 4 cm인 평행사변형

> **참고**
> (가의 넓이)=3×4=12 (cm²)
> (나의 넓이)=2×4=8 (cm²)
> (다의 넓이)=3×4=12 (cm²)

05 (평행사변형의 넓이)=(밑변의 길이)×(높이)

서술형 가이드 평행사변형의 넓이를 구하는 방법을 알고 바르게 구했는지 알아봅니다.

채점 기준	
상	식을 쓰고 답을 바르게 구함.
중	식을 썼으나 답을 구하지 못함.
하	답만 구함.

06 6×□=24, □=24÷6, □=**4**

07 변 ㄴㄷ과 수직인 선분을 찾으면 선분 ㄱㄹ입니다.

> **참고**
> 변 ㄱㄴ을 밑변으로 하면 높이는 선분 ㄷㅁ입니다.

08 (삼각형의 넓이)=(밑변의 길이)×(높이)÷2
=8×4÷2=**16 (m²)**

09 8×12÷2=**48 (cm²)**

10 가: 3×4÷2=6 (cm²)
나: 3×4÷2=6 (cm²)
다: 3×4÷2=6 (cm²)
라: 3×4÷2=6 (cm²)

11 삼각형의 밑변의 길이와 높이가 같으면 넓이가 같습니다.

12 18×□÷2=90, 18×□=180,
□=180÷18, □=**10**

13 (삼각형 가의 넓이)=8×8÷2=32 (cm²)
(삼각형 나의 넓이)=10×6÷2=30 (cm²)
⇨ 32>30이므로 **가**의 넓이가 더 넓습니다.

STEP 1 개념 파헤치기

150 ~ 153쪽

151쪽

1-1 8, 40	**1-2** (1) 6 cm (2) 78 cm²
2-1 14, 9, 63	**2-2** (1) 2배 (2) 48 cm²
3-1 33 cm²	**3-2** 28 cm²

153쪽

1-1 (위부터) 윗변, 높이	**1-2** (위부터) 높이, 아랫변
2-1 9, 6, 39	**2-2** (1) 8 cm, 2 cm
	(2) 16 cm²
3-1 48 cm²	**3-2** 126 cm²

151쪽

1-1 (만들어진 평행사변형의 높이)=8÷2=4 (cm)
⇨ (마름모의 넓이)=(만들어진 평행사변형의 넓이)
=(밑변의 길이)×(높이)
=10×4=**40** (cm²)

1-2 (1) (만들어진 평행사변형의 높이)=12÷2=6 (cm)
(2) 13×6=**78** (cm²)

2-1 직사각형의 가로는 14 cm, 세로는 9 cm입니다.
(마름모의 넓이)=(직사각형의 넓이)÷2
=14×9÷2
=126÷2=**63** (cm²)

2-2 (1) 마름모의 넓이는 직사각형의 넓이의 반이므로 직사각형의 넓이는 마름모 넓이의 **2배**입니다.
(2) 8×12÷2=**48** (cm²)

3-1 (마름모의 넓이)
=(한 대각선의 길이)×(다른 대각선의 길이)÷2
=11×6÷2=**33** (cm²)

3-2 (마름모의 넓이)
=(한 대각선의 길이)×(다른 대각선의 길이)÷2
=7×8÷2=**28** (cm²)

153쪽

1-1~1-2 사다리꼴에서 평행한 두 변을 밑변이라 하고, 한 밑변을 윗변, 다른 밑변을 아랫변이라고 합니다. 이때 두 밑변 사이의 거리를 높이라고 합니다.

2-1 (만들어진 평행사변형의 밑변의 길이)=9+4=13 (cm)
(만들어진 평행사변형의 높이)=6 cm
⇨ (사다리꼴의 넓이)
=(만들어진 평행사변형의 넓이)÷2
=13×6÷2=**39** (cm²)

2-2 (1) 사다리꼴을 자른 후 붙이면 밑변의 길이는 8 cm, 높이는 2 cm인 평행사변형이 됩니다.
(2) 사다리꼴의 넓이는 만들어진 평행사변형의 넓이와 같으므로 8×2=**16** (cm²)입니다.

3-1 (사다리꼴의 넓이)
={(윗변의 길이)+(아랫변의 길이)}×(높이)÷2
=(6+10)×6÷2=**48** (cm²)

3-2 (사다리꼴의 넓이)
={(윗변의 길이)+(아랫변의 길이)}×(높이)÷2
=(18+10)×9÷2=**126** (cm²)

STEP 2 개념 확인하기

154 ~ 155쪽

01 48 cm²	**02** 32 cm²
03 10×5÷2=25 ; 25 cm²	
04 126 cm²	**05** 42 cm²
06 10	

07 예

08 8 cm	**09** 80 cm²
10 64 m²	**11** 6 cm², 12 cm², 18 cm²
12 8	

01 (직사각형 ㄱㄴㄷㄹ의 넓이)
=12×8=96 (cm²)
⇨ (마름모 ㅁㅂㅅㅇ의 넓이)
=(직사각형 ㄱㄴㄷㄹ의 넓이)÷2
=96÷2=**48** (cm²)

02 마름모의 넓이는 색칠한 삼각형의 넓이의 4배이므로 8×4=**32** (cm²)입니다.

03 (마름모의 넓이)
=(한 대각선의 길이)×(다른 대각선의 길이)÷2

서술형 가이드 마름모의 넓이를 구하는 방법을 알고 바르게 구했는지 알아봅니다.

채점 기준

상	식을 쓰고 답을 바르게 구함.
중	식을 썼으나 답을 구하지 못함.
하	답만 구함.

04 한 대각선의 길이는 14 cm, 다른 대각선의 길이는
$9 \times 2 = 18$ (cm)입니다.
⇨ (마름모의 넓이) $= 14 \times 18 \div 2 = \textbf{126}$ (cm²)

05 (마름모 가의 넓이) $= 6 \times 8 \div 2 = 24$ (cm²)
(마름모 나의 넓이) $= 6 \times 6 \div 2 = 18$ (cm²)
⇨ $24 + 18 = \textbf{42}$ (cm²)

06 (마름모의 넓이)
$=$ (한 대각선의 길이) $\times$ (다른 대각선의 길이) $\div 2$이므로
$16 \times \square \div 2 = 80$, $16 \times \square = 160$, $\square = 160 \div 16$,
$\square = \textbf{10}$입니다.

07 (주어진 마름모의 넓이)
$=$ (한 대각선의 길이) $\times$ (다른 대각선의 길이) $\div 2$
$= 4 \times 4 \div 2 = 8$ (cm²)이고
(한 대각선의 길이) $\times$ (다른 대각선의 길이) $= 16$이므로
$1 \times 16 = 16$, $2 \times 8 = 16$, $4 \times 4 = 16$임을 이용하여 마름
모를 그립니다.

08 두 밑변에 수직인 변을 찾으면 높이는 **8 cm**입니다.

09

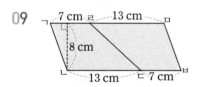

(평행사변형 ㄱㄴㅂㅁ의 넓이)
$= (7 + 13) \times 8$
$= 20 \times 8 = 160$ (cm²)
⇨ (사다리꼴 ㄱㄴㄷㄹ의 넓이)
$=$ (평행사변형 ㄱㄴㅂㅁ의 넓이) $\div 2$
$= 160 \div 2 = 80$ (cm²)

10 (사다리꼴의 넓이)
$=$ {(윗변의 길이) $+$ (아랫변의 길이)} $\times$ (높이) $\div 2$
$= (4 + 12) \times 8 \div 2$
$= 16 \times 8 \div 2 = \textbf{64}$ (m²)

11 (삼각형 가의 넓이) $= 4 \times 3 \div 2 = 6$ (cm²)
(삼각형 나의 넓이) $= 8 \times 3 \div 2 = 12$ (cm²)
⇨ (사다리꼴의 넓이)
$=$ (삼각형 가의 넓이) $+$ (삼각형 나의 넓이)
$= 6 + 12 = \textbf{18}$ (cm²)

12 (사다리꼴의 넓이)
$=$ {(윗변의 길이) $+$ (아랫변의 길이)} $\times$ (높이) $\div 2$이므로
$(5 + \square) \times 4 \div 2 = 26$, $(5 + \square) \times 4 = 52$, $5 + \square = 13$,
$\square = \textbf{8}$입니다.

STEP 3 단원 마무리평가

01 1 cm², 1 제곱센티미터
02 (1) ㉠ (2) ㉡
03 (1) 4 (2) 8000000
04 60 cm
05 45 cm
06 25 cm²
07 50 cm²
08 63 cm²
09 8 km²
10 40 cm²
11 4
12 나
13 예

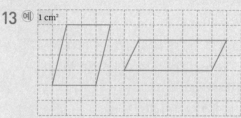

14 9
15 8
16 평행사변형, 2, 높이
17 나, 19 cm²
18 162 cm²
19 54 cm²
20 8

창의·융합 문제

1 (1) 20 cm² (2) 20 cm² (3) 40 cm²
2 (1) 140 cm² (2) 51 cm² (3) 89 cm²

01 한 변의 길이가 1 cm인 정사각형의 넓이를 1 cm²라 쓰고
1 제곱센티미터라고 읽습니다.

02 (1) 삼각형에서 높이는 밑변과 마주 보는 꼭짓점에서 밑변
에 수직인 선분의 길이이므로 ㉠입니다.
(2) 평행사변형에서 높이는 두 밑변 사이의 거리를 나타내
는 선분이므로 ㉡입니다.

03 (1) 10000 cm² $= 1$ m²이므로 40000 cm² $= 4$ m²입니다.
(2) 1 km² $= 1000000$ m²이므로 8 km² $= 8000000$ m²
입니다.

04 (직사각형의 둘레) $=$ {(가로) $+$ (세로)} $\times 2$
$= (18 + 12) \times 2$
$= 30 \times 2 = 60$ (cm)

05 정오각형은 변이 5개입니다.
⇨ (정오각형의 둘레) $= 9 \times 5 = 45$ (cm)

참고
> 정다각형은 모든 변의 길이가 같으므로
> (정다각형의 둘레) $=$ (한 변의 길이) $\times$ (변의 수)입니다.

06 (정사각형의 넓이) $=$ (한 변의 길이) $\times$ (한 변의 길이)
$= 5 \times 5 = 25$ (cm²)

07 (평행사변형의 넓이)=(밑변의 길이)×(높이)
$$=10×5=50 \, (cm^2)$$

> **참고**
> 밑변에 따라 높이가 달라질 수 있습니다.

08 (사다리꼴의 넓이)
$$=\{(윗변의 길이)+(아랫변의 길이)\}×(높이)÷2$$
$$=(8+13)×6÷2=63 \, (cm^2)$$

09 $4000 \, m=4 \, km$이므로 직사각형의 넓이는
$4×2=8 \, (km^2)$입니다.

10 $16×5÷2=40 \, (cm^2)$

11 도형 가: 모눈이 14칸이므로 넓이는 $14 \, cm^2$입니다.
도형 나: 모눈이 10칸이므로 넓이는 $10 \, cm^2$입니다.
⇨ $14-10=4 \, (cm^2)$

12 가, 다: 밑변의 길이가 $3 \, cm$, 높이가 $4 \, cm$인 삼각형
나: 밑변의 길이가 $4 \, cm$, 높이가 $4 \, cm$인 삼각형
따라서 넓이가 다른 하나는 **나**입니다.

> **참고**
> 가: $3×4÷2=6 \, (cm^2)$
> 나: $4×4÷2=8 \, (cm^2)$
> 다: $3×4÷2=6 \, (cm^2)$

13 넓이가 $12 \, cm^2$가 되려면 (밑변의 길이)×(높이)가 $1×12$, $2×6$, $3×4$, $4×3$, $6×2$, $12×1$이 되어야 합니다. 이를 이용하여 여러 가지 방법으로 평행사변형을 그릴 수 있습니다.

14 (평행사변형의 넓이)=(밑변의 길이)×(높이)이므로
$10×\square=90$입니다.
⇨ $10×\square=90$, $\square=90÷10$, $\square=9$

15 (사다리꼴의 넓이)
$$=\{(윗변의 길이)+(아랫변의 길이)\}×(높이)÷2이므로$$
$(15+7)×\square÷2=88$입니다.
⇨ $(15+7)×\square÷2=88$, $22×\square÷2=88$,
$22×\square=176$, $\square=8$

16 삼각형의 위쪽을 잘라 돌려 붙이면 평행사변형이 됩니다. 삼각형의 높이의 반만큼을 잘랐으므로 평행사변형의 높이는 삼각형의 높이의 $\frac{1}{2}$입니다.
⇨ (삼각형의 넓이)
   =(만들어진 평행사변형의 넓이)
   =(밑변의 길이)×(평행사변형의 높이)
   =(밑변의 길이)×(삼각형의 높이)÷2

17 가: $18×9÷2=81 \, (cm^2)$
나: $(11+9)×10÷2=100 \, (cm^2)$
⇨ $81<100$이므로 **나**가 $100-81=19 \, (cm^2)$ 더 넓습니다.

18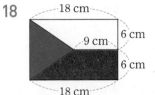
(흰색 사다리꼴의 넓이)
$$=(18+9)×6÷2=81 \, (cm^2)$$
(빨간색 사다리꼴의 넓이)
$$=(9+18)×6÷2=81 \, (cm^2)$$
⇨ $81+81=162 \, (cm^2)$

19 직사각형의 세로를 $\square \, cm$라고 하면
$(9+\square)×2=30$, $9+\square=15$, $\square=6$
⇨ (직사각형의 넓이)$=9×6=54 \, (cm^2)$

20 (정육각형의 둘레)
$$=12×6=72 \, (cm)$$
정구각형의 둘레는 $72 \, cm$이고 변은 9개입니다.
(정구각형의 한 변의 길이)
$$=72÷9=8 \, (cm)$$

창의·융합 문제

1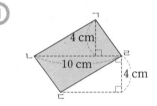

(1) (삼각형 ㄱㄴㄹ의 넓이)
$$=10×4÷2=20 \, (cm^2)$$
(2) (삼각형 ㄴㄷㄹ의 넓이)
$$=10×4÷2=20 \, (cm^2)$$
(3) (사각형 ㄱㄴㄷㄹ의 넓이)
$$=(삼각형 ㄱㄴㄹ의 넓이)+(삼각형 ㄴㄷㄹ의 넓이)$$
$$=20+20=40 \, (cm^2)$$

2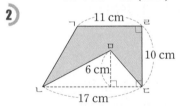

(1) (사다리꼴 ㄱㄴㄷㄹ의 넓이)
$$=(11+17)×10÷2=140 \, (cm^2)$$
(2) (삼각형 ㅁㄴㄷ의 넓이)
$$=17×6÷2=51 \, (cm^2)$$
(3) (색칠한 부분의 넓이)
$$=(사다리꼴 ㄱㄴㄷㄹ의 넓이)-(삼각형 ㅁㄴㄷ의 넓이)$$
$$=140-51=89 \, (cm^2)$$

배움으로 행복한 내일을 꿈꾸는
천재교육 커뮤니티 안내

· · ·

 교재 안내부터 구매까지 한 번에!
천재교육 홈페이지

자사가 발행하는 참고서, 교과서에 대한 소개는 물론
도서 구매도 할 수 있습니다. 회원에게 지급되는 별을 모아
다양한 상품 응모에도 도전해 보세요!

 다양한 교육 꿀팁에 깜짝 이벤트는 덤!
천재교육 인스타그램

천재교육의 새롭고 중요한 소식을 가장 먼저 접하고 싶다면?
천재교육 인스타그램 팔로우가 필수!
깜짝 이벤트도 수시로 진행되니 놓치지 마세요!

 수업이 편리해지는
천재교육 ACA 사이트

오직 선생님만을 위한, 천재교육 모든 교재에 대한 정보가 담긴
아카 사이트에서는 다양한 수업자료 및 부가 자료는 물론
시험 출제에 필요한 문제도 다운로드하실 수 있습니다.

https://aca.chunjae.co.kr

 천재교육을 사랑하는 샘들의 모임
천사샘

학원 강사, 공부방 선생님이시라면 누구나 가입할 수 있는 천사샘!
교재 개발 및 평가를 통해 교재 검토진으로 참여할 수 있는 기회는 물론
다양한 교사용 교재 증정 이벤트가 선생님을 기다립니다.

 아이와 함께 성장하는 학부모들의 모임공간
튠맘 학습연구소

튠맘 학습연구소는 초·중등 학부모를 대상으로 다양한 이벤트와 함께
교재 리뷰 및 학습 정보를 제공하는 네이버 카페입니다.
초등학생, 중학생 자녀를 둔 학부모님이라면 튠맘 학습연구소로 오세요!

참 잘했어요

수학의 모든 개념 문제를 풀 정도로
실력이 성장한 것을 축하하며
이 상장을 드립니다.

이름 _____

날짜 _____ 년 _____ 월 _____ 일

찐 천재님들의
거짓없는 솔직 후기

천재교육 도서의 사용 후기를 남겨주세요!

이벤트 혜택

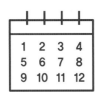

매월

100명 추첨

5,000

상품권 5천원권

이벤트 참여 방법

STEP 1
온라인 서점 또는 블로그에 리뷰(서평) 작성하기!

STEP 2
왼쪽 QR코드 접속 후 작성한 리뷰의 URL을 남기면 끝!

※ 상기 내용은 변동될 수 있으며, 자세한 내용은 QR코드 페이지를 참고해주세요.